現役人気YouTuber獣医が教える

最新版

愛猫のための 症状・目的別 ケア百科

いとぅ〜先生

講談社

はじめに

こんにちは！　YouTubeの獣医さん、いとぅ〜先生です。これ、僕のYouTubeをいつも視聴してくださっている人にはおなじみの挨拶ですね。僕は2020年8月から猫ちゃんに特化した番組を、獣医の視点から配信しています。

一般社団法人ペットフード協会によると、国内の猫の飼育数は約915万5000頭（2024年）だそうです。初めて猫を飼う人も多く、「猫の飼い方」「猫を扱うときの注意」「猫が●●なときは病気かも」などの疑問をネットで調べるらしいのですが、たくさん情報が出てきて、いったい何が正しいのかわからなくなるそうです。

たとえば【猫　ねぎ】と調べると「食べると死んじゃう！」みたいな情報が出てきます。その記事がこわくて家ではねぎ類を使わない、ねぎを触った手で猫ちゃんを触り、猫ちゃんがその毛をなめたら死んじゃうと思っている飼い主さんもいます。

実は玉ねぎなら体重1キロあたり5g食べてやっと中毒症状が出ます。4キロの猫ちゃんなら20gですね。逆にお花1枚かじっただけで亡くなる危険な植物もあります（P135）。もちろん猫ちゃんの個体差があるので注意するに越したことはないですが、手についた玉ねぎエキスでは多くの場合中毒症状は出ないはずです。こわがりすぎもせっかくの猫ちゃんとの生活を楽しめなくなってしまいます（ただし、ねぎ類を少量ならあげていいという意味ではありません）。

今はネットで検索すれば知りたい情報がすぐに見つかる時代です。けれども果たしてそれが正しいのかどうか、そこまではわかりません。僕のＹｏｕＴｕｂｅの視聴者さんは、「現役獣医の立場からしっかり説明してもらえるので飼い主として安心できる」と言ってフォローしてくれています。

本書は、猫の日常の気になる症状から、病院に連れて行くべきか、しばらく静観するのかなど、飼い主が迷ったときにさっと調べられる、症状・目的別ケア百科となります。猫ちゃんのいるおうちにはぜひ１冊常備しておいてもらえると安心かな、と思っています！

いとぅ〜先生

初めまして！
ぶんざえもんにゃ。
これ、僕の飼い主いとぅ〜にゃ。

本書の使い方

この本は最初からしっかり読む必要はありません。猫ちゃんに気になる症状があったら、該当する症状のページを探して読んでください。

1

P6〜18の目次ページで猫ちゃんの
気になる症状があるChapterを見つけます。
（例）目に気になる症状があれば、Chapter1「目」を見ます。

2

そのChapterの中から
該当する症状を見つけてページを確認し読んでみましょう。

3

症状の説明の中にページ数を示した症状が記載されています。
（例）眼瞼炎《がんけんえん》（P226）など。
巻末の病気・症状一覧（P215〜227）で詳しい症状を確認しましょう。

4

時間があるときには、全編を読むのもおすすめです。

とくに命にかかわる症状がでやすいChapter12「呼吸」（P127）などはチェックしておくことをおすすめします。

猫ちゃんの年齢早見表

1歳で15歳、2歳で24歳、3年目からは4歳ずつ年をとるといわれています。

ネコ	ヒト	ネコ	ヒト
1歳	15歳	11歳	60歳
2歳	24歳	12歳	64歳
3歳	28歳	13歳	68歳
4歳	32歳	14歳	72歳
5歳	36歳	15歳	76歳
6歳	40歳	16歳	80歳
7歳	44歳	17歳	84歳
8歳	48歳	18歳	88歳
9歳	52歳	19歳	92歳
10歳	56歳	20歳	96歳

＊環境省「飼い主のためのペットフード・ガイドライン〜犬・猫の健康を守るために〜」より。
https://www.env.go.jp/nature/dobutsu/aigo/2_data/pamph/petfood_guide_1808.html
犬・猫についての有益な情報が掲載されているので、一度チェックすることをおすすめします。

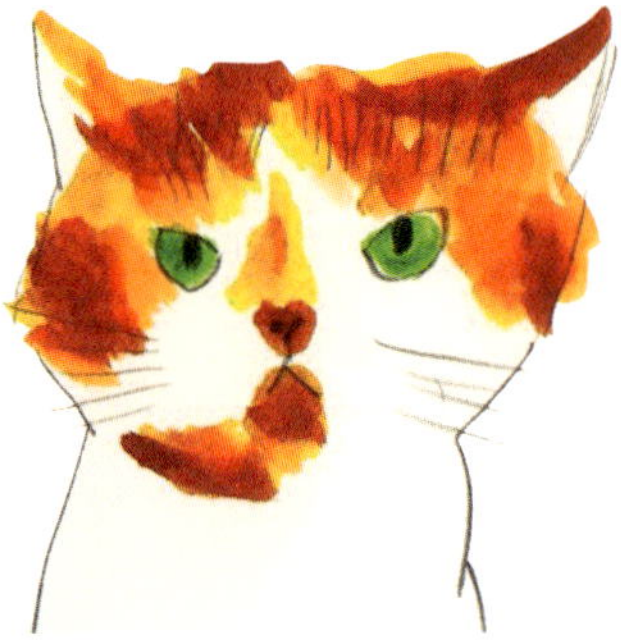

Chapter 1 目 19

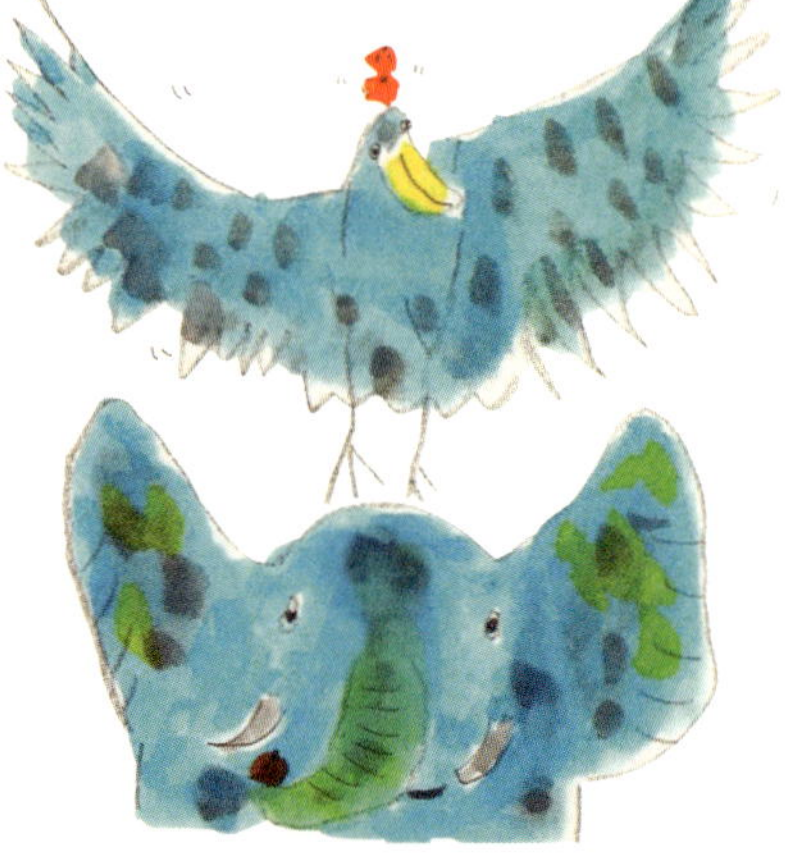

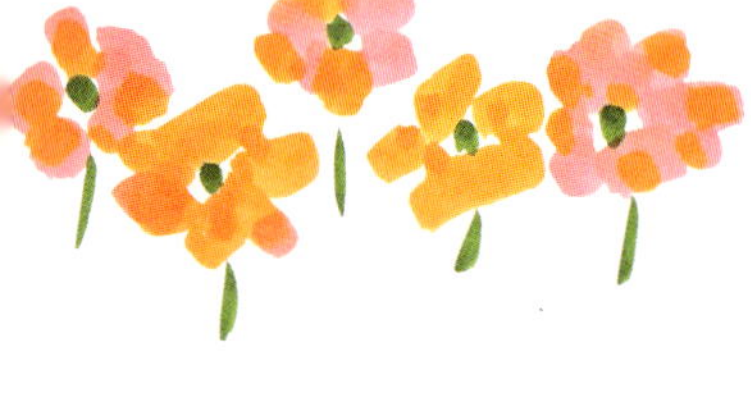

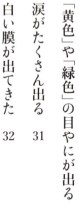

Chapter

2

鼻

33

Chapter 3 口・あご 43

Chapter 4

耳

53

Chapter 5

首

63

Chapter

6

お腹

71

Chapter 7

腰

81

Chapter 8

足・関節

89

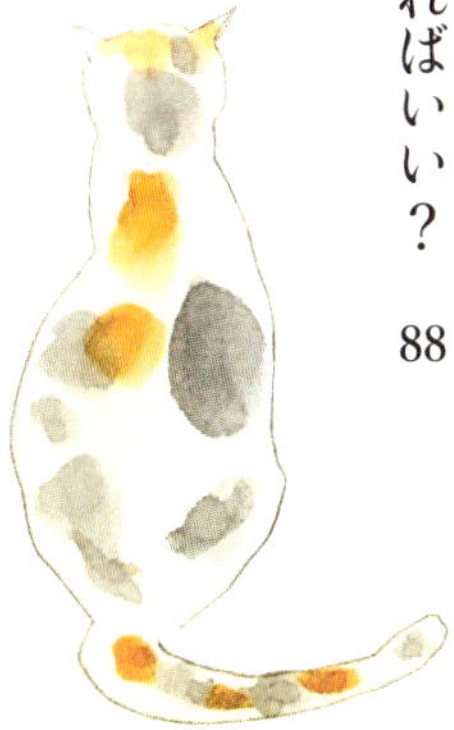

Chapter

11

皮膚

111

Chapter

12

呼吸

127

Chapter

13

ご飯―食欲不振

137

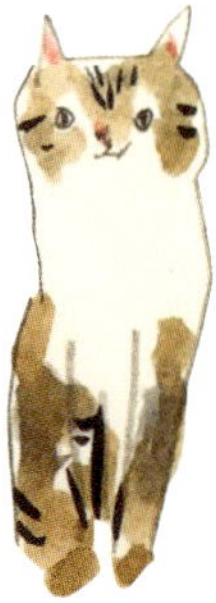

Chapter
14
水
149

Chapter

15

トイレ

163

Chapter

16

嘔吐《おうと》

189

Chapter 1

目

猫の目について

猫ちゃんのお目々ってかわいいですよね。まんまるでくりっくりっ、つい見つめ合ってしまうけれどダメですよ。猫ちゃんと長い時間目を合わせるのは猫にけんかを売っているのと同じことです。

目を見てしまったときはそっと瞬《まばた》きしましょう。敵じゃないよ～のサインです。

猫ちゃんの目ですが今回は角膜《かくまく》、強膜《きょうまく》、ブドウ膜《まく》、水晶体《すいしょうたい》、網膜《もうまく》、結膜《けつまく》、瞬膜《しゅんまく》を簡単に覚えていただければと思います。皆さんは獣医になるわけでもなければ動物看護師になるわけでもありません。正確な言葉を覚える必要はありません。なんとな～くそうなんだ、でＯＫです。ではなんとな～くそうなんだ、で説明しますね。

黒目の部分を瞳孔《どうこう》といい、ここを守るのが角膜といいます。我々もそうですが皮膚があるから内臓など、身体の中の物が外に出ないですよね。角膜は目の皮膚だと思ってください。黒目の皮膚が角膜、白目の皮膚が強膜です。

猫ちゃんの黒目って大きさが変わりますよね。ひなたぼっこしているときはほっそい黒目、くら～いところやびっくりしたときはまんまる黒目。この調節をしているのがブドウ膜と呼ばれるものです。さらにブドウ膜は目に栄養を届けてもいます。実は目って血があまり通っていない部分が多いので目の中でも血流が豊富なのがこのブドウ膜です。まぶたを切れば出血しますが目をけがしてもあまり血が出ないですよね。あ、そんな経験あまりないか。血液がないと栄養を目に届けられない、その役割を担っているのがブドウ膜です。

水晶体はカメラでいうレンズです。**白内障**《はくないしょう》（Ｐ２１７）はこのレンズが濁ってしまう病気です。目は光という情報を集めていますがその情報を解析して脳に届けるのが網膜です。

先ほど目の皮膚は角膜、強膜と説明しました。実はそれだけで目を守っているのではなく、結膜と瞬膜も目を守ってくれています。

まぶたから出て、黒目までを覆う薄い膜が結膜です。瞬膜は聞きなじみがないかもしれません。それもそのはず、この瞬膜はなんと人間にはありませんし通常は見えません。猫ちゃんが目をつぶったときなどに出てきます。どうですかね、目の構造についてなんとなく理解していただけましたか？

目の皮膚みたいなのがあって、目に栄養を届けているやつや、レンズを調整してくれるやつ、情報解析マンがいると思っていただければＯＫです。これがわかっていると目のどこが病気でどんな風な病気なのかわかりやすいです。

猫の眼球断面図

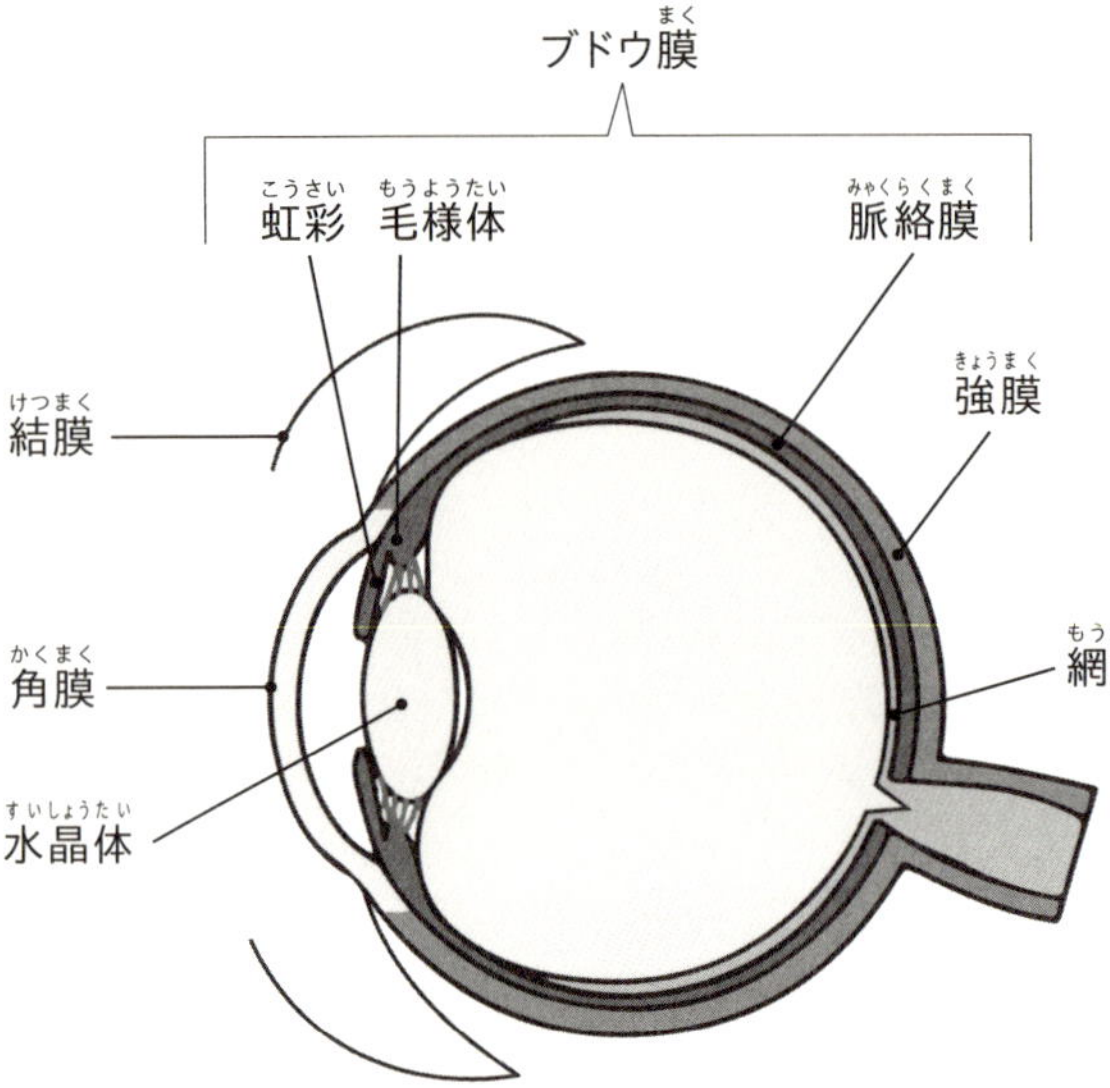
ブドウ膜《まく》
虹彩《こうさい》
毛様体《もうようたい》
脈絡膜《みゃくらくまく》
結膜《けつまく》
強膜《きょうまく》
角膜《かくまく》
網膜《もうまく》
水晶体《すいしょうたい》

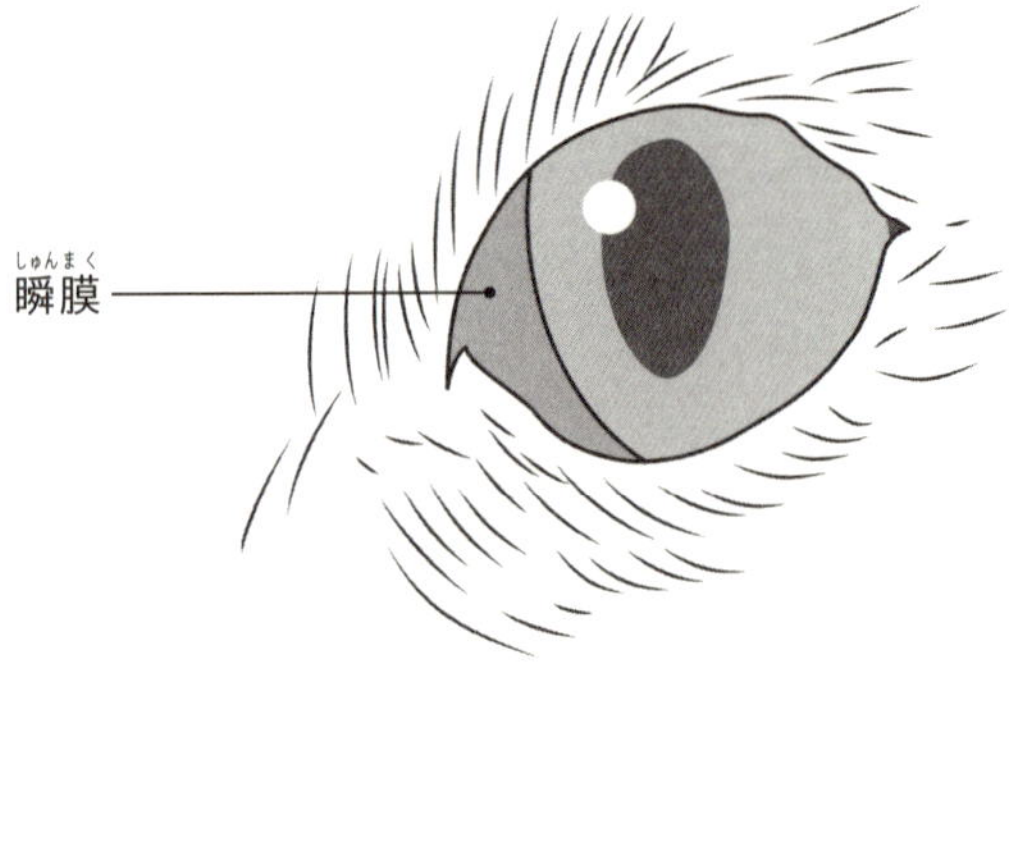
瞬膜《しゅんまく》

症状

1

目が赤い

目が赤いのは目の皮膚ですか？　中側ですか？　これにより病気の種類が全然違います。目の皮膚が赤ければ**結膜炎**《けつまくえん》（P225）や**角膜潰瘍**《かくまくかいよう》（P226）などが考えられます。目の中側であれば目の中で出血が起きている可能性が高いです（**眼底出血**《がんていしゅっけつ》〈P226〉）。

結膜炎とは、目のバリアである結膜が炎症を起こす病気です。バリアが炎症を起こしているので、角膜の病気よりは軽症なことが多いですね。実は猫の目の病気の中では最も多い病気です。**猫風邪**《ねこかぜ》（P219）でばい菌がついた、猫が目をかいてしまったなどの原因が多いです。まぶたが腫れてきた・目やにが出る・目をしばしばする・涙がよく出るなどの症状が多いです。

ちなみに目の皮膚である角膜の病気の場合は重症な場合もあります。**最悪の場合は失明もあり得ます**。猫ちゃんは目が痛いと、なんだこりゃ～といじってしまい、結膜炎だったのが角膜にも傷をつけてしまい、角膜潰瘍になる場合が多いです。気をつけましょう。

見ただけで「目が赤い」とわかる場合は急いで病院へ連れて行くべきです。重症の可能性が高いからです。猫の目が赤いのは、おそらくぱっと見ただけでわかることは少ないです。獣医さんでも新人さんだと判断が難しかったりします。目に違和感があると思われた場合は病院で診てもらいましょう。

目の中側が赤い場合ですが、飼い主さんが気づく場合は少ないです。そのため、病院には「目の中に血があるようだ」と言って連れてこられることが多いです。この場合、「眼底出血」が考えられます。眼底出血は、高血圧により目の奥の血管が出血してしまう病気です。高血圧は猫に多い病気である**腎臓病**《じんぞうびょう》（P221）が原因の場合もあるので、気をつけるべき症状のひとつです。

しかし、必ずしも高血圧の原因が腎臓病とは限りません。しょっぱい物を食べすぎ？　イライラしている？　また高齢猫ちゃんで多い病気の**甲状腺機能亢進症**《こうじょうせんきのうこうしんしょう》（P224）でも高血圧になってしまうことがあります。そのため、眼底出血があった場合は目だけではなく全身をしっかり検査したほうが良いです。

眼底出血では、瞳孔（黒目）の大きさが左右で違う症状が見られることもあります。失明する危険性（すでに失明している。治ることはほとんどない）があるため、こちらもなるべく早く動物病院に連れて行きましょう。

ちょっと目の病気とは違いますが、目のまぶたが赤い場合は**眼瞼炎**《がんけんえん》（P226）、目の周りが赤いときは皮膚病、癌などが疑われます。眼瞼炎の場合、結膜炎や**角膜炎**《かくまくえん》（P227）を同時に発症していることもあります。

あくまで、私が診察している中での感覚ですが、目が赤い原因として、仔猫の場合はヘルペスウイルスやカリシウイルスによる猫風邪が引き起こす結膜炎が、高齢猫だと高血圧による眼底出血が、多く見られます。

症状 2
目が濁っている

これはズバリ、この病気です！　と診断するのがちょっと難しいですが、**ブドウ膜炎**《まくえん》（P216）や**角膜炎**《かくまくえん》（P227）が疑われ、全身性の病気が原因の場合もあります。

眼球の表面を覆っている角膜の裏側が白く濁っている場合は、ブドウ膜炎が考えられます。目のレンズを調整したり、目に栄養を届けたりする場所で炎症が起きているのがブドウ膜炎です。

ブドウ膜の一番の特徴は最初に説明したように、血管が豊富に通っていることです。そのため、全身性の感染症や腫瘍、**猫伝染性腹膜炎《ねこでんせんせいふくまくえん》（FIP）**（P218）が原因の可能性もあります。多くの場合目は、ほかの病気とは関連性がないことが多いですが、ブドウ膜炎だけは別で、ほかの病気が原因の可能性があります。

なぜなら血管があることでほかの臓器ともつながっており連絡が取れるからです。そのため動物病院では、ブドウ膜炎が疑われる場合は、血液検査や全身のエコー検査も行うのが一般的です。

一方で、皮膚の役割をしている角膜に傷や穴ができることで起こる角膜炎が重症化した場合、普段は透明な角膜が白く濁ることがあります。

涙を多く流したり、まぶしそうに瞬きを何度も繰り返したりする症状も見られます。この場合も、なるべく早く動物病院に連れて行きましょう。

目が白く濁る場合、人間だと**白内障《はくないしょう》**（P217）を思い浮かべる方も多いかもしれません。白内障はレンズの役割の水晶体が白く濁る病気ですが、猫の場合、それほど多い病気ではありません。かなりレアです。それよりもブドウ膜炎や角膜炎が、多く見られます。

症状 3

瞬きが多く、目をショボショボする

これは、目の痛みや違和感のサインかもしれません。猫がこちらを見つめながら、ゆっくり瞬きする仕草は、警戒心や敵意がないことをあらわし、飼い主に対する愛情表現のひとつといわれています。ところが、次のような瞬きをする場合、病気やけがが隠れているかもしれません。そのサインを見逃さないようにしましょう。注意したいのは、**「瞬きの回数が異常に多い」「目を細めてショボショボしている」「片目だけ瞬きしている」、「目が開けづらそう」**といった場合です。これらは、目に強い痛みや違和感があるときのサイン。目の中に異物が入っていたり、**結膜炎**《けつまくえん》（P225）や**角膜炎**《かくまくえん》（P227）、**ブドウ膜炎**《まくえん》（P216）、**緑内障**《りょくないしょう》（P215）などの目の病気により、痛みが生じている可能性があります。あわせて、目が赤い、涙や目やにが多い、目の表面が白っぽく濁っているなどの症状が見られることもあります。

猫は目に痛みや違和感があると、自分でかいて症状を悪化させてしまうことも多いので、なるべく早く獣医に診てもらいましょう。

症状4 白目が黄色い

肝臓《かんぞう》にかかわる病気の可能性が高いです。詳しくはＰ１２１で説明しています。

症状5 頻繁に目をかく

何らかの病気によって、目に痛みやかゆみを感じています。猫ちゃんはグルーミング（毛づくろい）で、顔を洗うように手でこする仕草を見せることはありますが、頻繁に目をかいたり、こすったりすることはあまりありません。

こうした仕草が見られる場合、目に痛みやかゆみを感じていることが考えられます。その原因は、これまで紹介してきた**結膜炎**《けつまくえん》（Ｐ２２５）や**角膜炎**《かくまくえん》（Ｐ２２７）、**眼瞼炎**《がんけんえん》（Ｐ

226)、あるいは眼瞼内反症《がんけんないはんしょう》(P226)、アレルギーなどのほか、目の中にホコリなどの異物が侵入していることが考えられます。目をかくのをやめないときや、目の充血、目やにや涙が多く出ている、まぶしそうに目をショボショボさせているなどの症状が見られるときは、動物病院を受診したほうがいいでしょう。また、自分で目をこすり、眼球を傷つけ症状を悪化させることがあるので、防止のため首にエリザベスカラーをつけたほうがいい場合があります。

症状

6

「黄色」や「緑色」の目やにが出る

ウイルスや細菌による感染症が原因かもしれません。人と同じで朝起きたときの目やになどは正常の範囲です。しかし黄色や緑色の膿《うみ》のようなネバネバとした目やには病気の可能性が高いです。

具体的な原因としては、ヘルペスウイルス、カリシウイルスや、**猫《ねこ》クラミジア症《しょう》**（P219）が引き起こす**結膜炎《けつまくえん》**（P225）や**角膜炎《かくまくえん》**（P227）が考えられます。目の傷や異物混入によっても、目やにが多く出ることがあります。

軽い目やにの場合、コットンやガーゼをぬるま湯に浸し、よくしぼった後、目やにのある場所に当ててふやかすと取りやすくなります。優しくぬぐうように拭き取ってあげましょう。ただし、目やにで目がくっつき開かないほどひどい場合は、無理に開けると目を傷めることがあるため、動物病院を受診するようにしましょう。

症状 7
涙がたくさん出る

おそらく猫ちゃんで涙が目立つ場合は何かしらの異常がある場合が多いです。過去の目の病気のせいでずっと涙が出ている子もいますが、基本的にそんなに涙は出ません。**結膜炎**《けつまくえん》（Ｐ２２５）、**角膜炎**《かくまくえん》（Ｐ２２７）、**ブドウ膜炎**《まくえん》（Ｐ２１６）と、ありとあらゆる病気で涙の量は多くなります。目の周りやまぶたの裏側が赤く腫れ、目が赤く充血している場合は、結膜炎の可能性があります。

目頭の下の毛が汚れて変色するほど涙が多く出る場合は、**流涙症**《りゅうるいしょう》（Ｐ２１５）になっている可能性があります。流涙症の原因としては、結膜炎や角膜炎などの炎症による刺激や、異物による刺激によって涙が出すぎるケースと、**鼻炎**《びえん》（Ｐ２１７）や腫瘍などによって涙を排出する経路が圧迫され、狭くなったり、ふさがったりしているケースが考えられます。

症状
8
白い膜が出てきた

お！　これは最初に説明した人間にはない猫の目の構造、瞬膜《しゅんまく》（Ｐ22）の可能性が高いですね。正常構造ですが白い膜が出っぱなしの場合は、病気を疑いましょう。

猫がうとうとしているときに、目を覆うように白い膜が出ることがありますが、これは病気ではありません。瞬膜といって第三のまぶたと呼ばれるものが見えているだけです。瞬膜は、目を開いているときは目頭の中に収まっていて、目を閉じると目頭から水平方向に出て目を覆い、眼球を保護したり、目に入ったゴミを取り除いたり、涙で角膜を潤したりと、シャッターやワイパーのような役割を果たしています。

通常、瞬膜は目を開いているときは見えませんが、目を開いているのに瞬膜が戻らず、出っぱなしになることがあります。原因としては、何らかの炎症が起こり、押し出されて戻らなくなっていることが考えられますので、一度は動物病院を受診しましょう。

Chapter 2

鼻

猫の鼻について

猫ちゃんは鼻がつまり、においがわからないとご飯を食べなくなります。単なる**鼻炎《びえん》**（P217）でもです。大げさには言っていません。獣医として働いているとけっこうあります。人間にはあまりない感覚ですね。

僕は猫ではないので本当のところはわかりませんが、猫ちゃんはご飯を食べるときに嗅《きゅう》覚《かく》を重要視しているみたいです。我が家の猫ぶんざえもんは、スーパーで買ってきたマグロのお刺身は1日経つとにおいをかいでプイッです。おそらく猫ちゃんは、においでこのマグロが新鮮なのかどうかを判断しているのだと思います。

猫ちゃんの嗅覚の強さは「においを強く感じる」というより「わずかなにおいでも感じ取れ、細分化できる」のほうが正しいです。僕がよく使うたとえ話は、ゴミ収集車が通ると「あ、あの家の夜ご飯はカレーだったにゃ、サンマを食べた家もあるにゃ、にゃんと大好きなカツオのおやつのにおいもする！」といった感じです。人間だと「くっさ！」だけですよね。

そんな猫ちゃんにとって大切な鼻ですが、例のごとく中がどうなっているのか簡単に知っていただいたほうが、この後の内容がわかりやすいと思いますので、次ページの図でざっくりと説明しましょう。

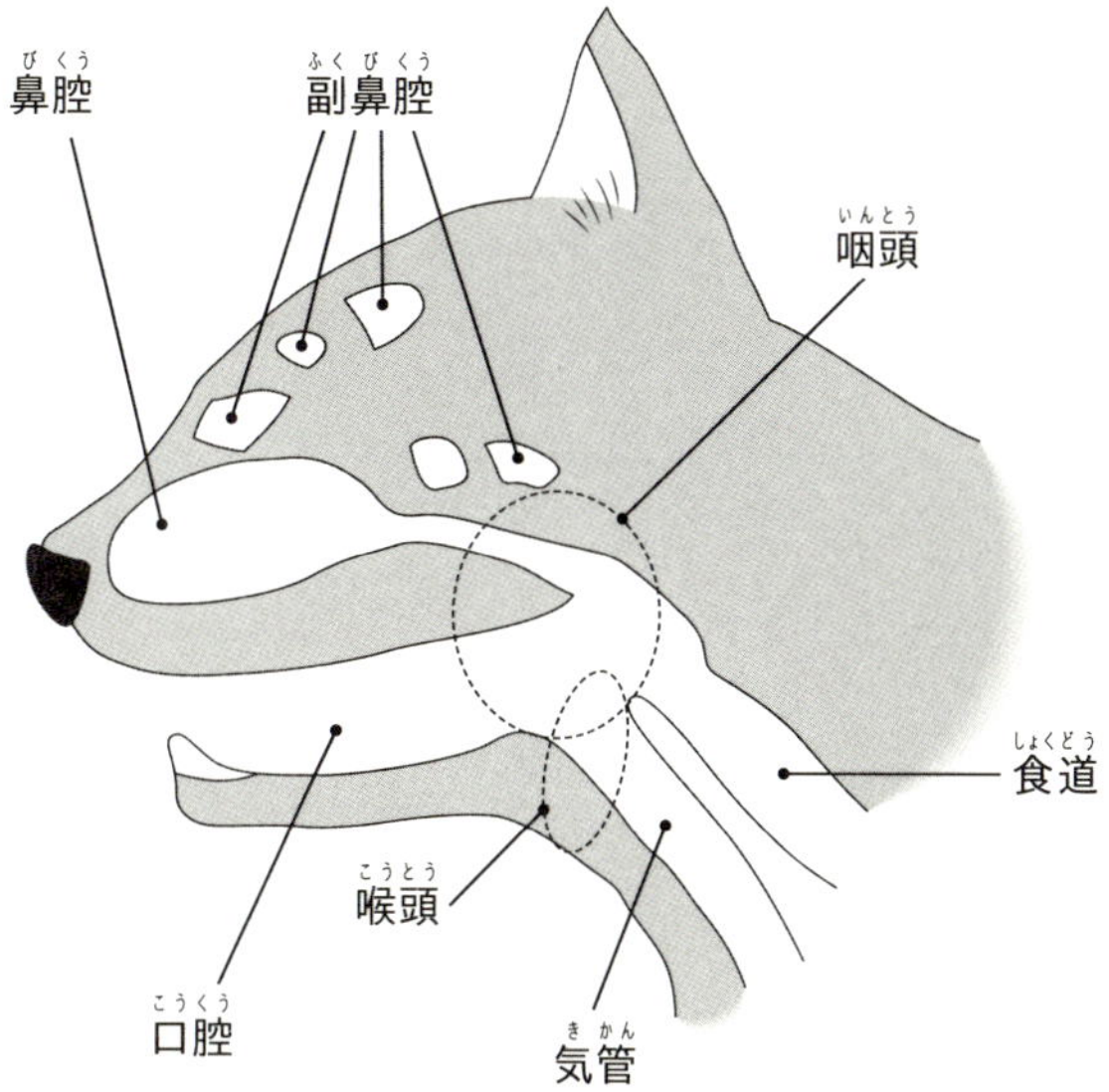

猫の鼻〜喉の断面図

鼻の穴から空気を吸い込むと、まずは鼻腔《びくう》というところを通ります。鼻腔はにおいを感じたり、空気と一緒に侵入してきたホコリや細菌、ウイルスなどを中に入れないように防いだりする役割があります。難しく言いましたが鼻腔とはつまり鼻の穴です。鼻腔を通った空気は、咽《いん》頭《とう》→喉頭《こうとう》→気管《きかん》を通って肺へと送られます。よく見ると咽頭のところで鼻と口はつながっています。この知識は次の病気のところで出てきますので軽く覚えておいてください。正確な言葉を覚える必要はないです。鼻から入った空気は、鼻の中を通って、口と合流して肺に行くよ〜と、なんとなく知ってもらえたらOKです。

症状

1

鼻水や鼻くそが出ている

僕は慢性鼻炎持ちなので鼻水がしょっちゅう出て、生配信中にもよく鼻をかむのですが、猫ちゃんと一緒に過ごしていて、「猫の鼻水をこれまでに一度も見たことがないよ〜」という飼い主さんも多いのではないでしょうか。そうなんです！　実は、猫ちゃんは鼻水が出ないことが多く、見たことがない方も多いと思います。そんな猫ちゃんが、鼻水がずっと出たり、毎日鼻くそを取る必要があったりするときは、何かしらの病気が疑われます。考えられる病気を、次にあげます。**猫《ねこ》風邪《かぜ》**（Ｐ２１９）、**歯周病《ししゅうびょう》**（Ｐ２２２）、**鼻炎《びえん》**（Ｐ２１７）、**副鼻腔炎《ふくびくうえん》**（Ｐ２１６）、**鼻腔内《びくうない》異物《いぶつ》**（Ｐ２１７）、形の異常、腫瘍などです。

鼻水の場合、原因として多いのが猫風邪や鼻炎です。人間と同じで、猫ちゃんも細菌やウイルスに感染して風邪をひいたり、ホコリやアレルギーなどで鼻炎になったりします。鼻くそは出ないけれど猫の鼻に黒いものがついている、それは鼻くそです。黄色いのも鼻くそです。猫の鼻くそは、人間でいうと鼻水が出ているのと同様のことになります。

症状

2

「黄色」や「緑色」の鼻水が出ている

猫ちゃんの鼻水は「透明」なことが多いのですが、**鼻炎**《びえん》（P217）や**猫風邪**《ねこかぜ》（P219）がひどくなり細菌感染が疑われると「黄色」や「緑色」の鼻水が出ます。また、高齢猫ちゃんで鼻水に「赤色」の血が混ざるときは、腫瘍の可能性もあります。

次に猫ちゃんの鼻水の色別の主な原因についてまとめておきます。

●透明……鼻炎、猫風邪などあらゆる鼻水が出る疾患が考えられる。

●黄色・緑色……鼻炎や猫風邪が悪化している。細菌感染が疑われる。

●赤色……血が混ざっている。腫瘍の可能性あり（多くは7歳以上）。

透明ではない場合は症状的には重いと考えてよいです。薬などで治療してもらいましょう。僕は自分が風邪かどうかの判断材料のひとつに、この色がついた鼻水が出るかどうかを使っています。色つきの鼻水は猫にとってもしんどいはずなので治療してあげてください。

症状 3
鼻水 ＋ 顔をよくかく

鼻水に加えて、猫ちゃんが顔をかくときは、**歯周病**《ししゅうびょう》（Ｐ２２２）になっている可能性があります。歯周病が原因で**鼻炎**《びえん》（Ｐ２１７）になることがあるの⁉ と疑問に思われるかもしれませんが、実はあります。Ｐ35の鼻の図を見てください。上の歯のすぐ上部に鼻腔《びくう》があるので、たとえば、歯の根っこで炎症が起こると、鼻のほうにも悪さをしそうだな〜と、なんとなくイメージできるのではないでしょうか。鼻水といっても、原因は鼻ではなく口のこともあるのです。

獣医さんは、鼻水の症状で来院した猫ちゃんでも口の中もしっかり確認します。もし顔をかいていたり、ご飯を食べるのが下手になったりしたら、歯が原因じゃないかなとけっこう強く疑います。すると、重度の歯周病になっているケースがよくあるのです。

症状 4

吐いた後、急にくしゃみや鼻水が出るようになった

この場合は、**鼻腔内異物**《びくうないいぶつ》（P217）といって、鼻の中に異物が入った可能性があります。私たちも、ご飯を食べているときにむせると、ご飯粒が鼻のほうに迷い込んで、むずむずして鼻水が出ますよね。これも、P35の鼻の図を見てもらうとわかりますが、食道と鼻腔《びくう》がつながっているからです。

ケースとしては少ないですが、猫ちゃんも鼻に異物がつまり鼻水が出ることがあります。特徴的な症状としては、「吐いた後、突然くしゃみや鼻水が頻繁に出るようになった」です。この場合は、吐いたものの一部が鼻につまっているのかも？　と獣医は疑います。

参考までに、猫ちゃんの中には、生まれながらにして鼻腔がつまっている子がいます。とくに、ペルシャやヒマラヤン、エキゾチックショートヘアなどの鼻がぺしゃっとつぶれたような形をしている猫ちゃんの中には、鼻水が出る子や、いびきをかく子がいます。この種のすべての子の鼻がつまっているわけではなく、まったく何ともない子もいます。

症状

5

高齢になって、急に鼻水が出るようになった

獣医的にはこれ、けっこう嫌な症状です。ずっと鼻炎《びえん》（Ｐ２１７）持ちだった猫ちゃんが、鼻水がときどき出るのはよくあることですが、それまでまったく鼻水が出たことがなかった子が、高齢になって急に鼻水が出るようになった場合、何かおかしいですよね。私たち獣医は、歯周病《ししゅうびょう》（Ｐ２２２）かな？　腫瘍大丈夫かな？　と考えます。

歯周病などで歯を悪くした場合、高齢になってから鼻水が出ることがあります。歯周病が鼻にまで広がってしまっている状態です。またこわいことを言うと良性・悪性に限らず、鼻の中に腫瘍ができることで、鼻水が出ることがあります。鼻の中にできものがあるので、薬は一時的に効くけれどまた悪くなる、これも特徴のひとつです。

もし、悪性の癌や歯周病などの場合、鼻水に血が混ざることがあります。猫ちゃんは私たち人間の鼻血のように、血がタラ～と垂れることはほとんどなく、透明や黄色い鼻水に少し赤い血が混じる程度です。そのため、明らかな鼻血が出たときは、注意しましょう。ち

なみに普通に顔をぶつけたときに鼻血が出ることはあります。

鼻にまつわる症状は重篤な症状のサインのこともあり、癌などの腫瘍や歯周病が原因のこともありますので、鼻水が続いたり、鼻くそがよく出たりする場合は、動物病院に連れて行って診てもらいましょう。検査してもらってから猫の様子で薬をやる、やらないなどは自由です。僕も自分自身の慢性鼻炎の治療はしていません。病院に行くのがめんどくさ……。なんでもありません。

症状 6
鼻水 ＋ 目やに・口が赤い

鼻水や鼻くそに加えて口や目に症状が出る原因として多いのは、**猫風邪**《ねこかぜ》（P219）です。とくに仔猫や野良猫、保護猫ならまずはこれを考えます。私たち人間の場合は、風邪をひくと鼻水や咳が出て、熱も高くなって、今日は会社を休もうかな、と思ったりしますね。猫の場合はちょっと違って、**結膜炎**《けつまくえん》（P225）が起きたり、**口内炎**《こうないえん》（P224）ができたりと、目や口にも症状が出ることがあります。

鼻水が出て鼻がグシュグシュ、目やにが出て、目もグジュグジュで、口内炎ができて、お口も痛かったりします。

症状 7
鼻をピクピクしながら呼吸する

猫が遊んだ後でもなく、リラックスしているはずなのに鼻をピクピクしたり、鼻をふくらませたりしながら呼吸をしているときは、「肺」や「心臓」に病気があり、呼吸が苦しくて鼻をピクピクさせていることが考えられます。詳しくは、P127「呼吸」の章でご紹介したいと思います。実は1分1秒を争う状態のこともあり、すぐに病院へ連れて行くべき症状のことが多いです。

Chapter
3
口・あご

猫ちゃんのお口の病気で多いのは、**歯周病**《ししゅうびょう》（Ｐ２２２）や**口内炎**《こうないえん》（Ｐ２２４）、こわいことを言うと口の中の癌もあります。最近では、猫ちゃんの口腔《こうくう》ケアをしっかりと行うことで、寿命が延びることがわかってきており、注目をされています。

ところで皆さんは猫ちゃんの歯磨き、できていますか？　もし、できていたらすごいです！　私が飼い主さんと接している感覚では、猫ちゃんに歯磨きができている人は、５％もいないと思います。でも、歯のケアはやったほうがいい。それでは、どうすればいいのか？

猫ちゃんの口腔ケアで一番重要なことは、「全身麻酔をしてスケーリングをすること」と、そのときに、「状態の悪い歯を抜くこと」です。スケーリングとは、いわゆる歯石取りですね。このとき、歯茎と歯の間にできた歯周ポケットの汚れも取り除きます。すると、隙間ができていた歯茎は再生します。

歯周病が悪化すると、痛くてご飯が食べられなくなってしまいます。その症状が出るのは多くの場合高齢になってからです。しかし、高齢になると**腎臓病**《じんぞうびょう》（Ｐ２２１）や**心臓病**《しんぞうびょう》（Ｐ２２１）などがあり、全身麻酔をかけられず歯が抜けない、痛くてたまらないのに何もできないということになりかねません。ですから、**少なくとも5〜7歳くらいで1回、全**

身麻酔をしてスケーリングし、状態の悪い歯を抜くことが重要なのです。なぜ5~7歳かというとその年齢ではそこそこ汚れが溜まってきているのと、全身麻酔のリスクもそこまで高くないことが多いからです。犬だと毎年全身麻酔をしてスケーリングをやったほうが寿命が長いなんてデータがありますが、猫ちゃんでは残念ながらデータはありません。なのでこのいとぅ~が決めたルールが絶対と思わず、かかりつけの獣医さんに相談した上でいつやるかを決めてください。

もちろん、日頃の歯のケアも大切です。猫ちゃんは人よりも早く、約3~5日で歯石になってしまうので、歯磨きは少なくとも3日に1回は行いましょう。

さて、「さぁ歯磨き始めるぞ!」と飼い主さんが意気込んでも、猫ちゃんの歯磨きは簡単ではありません。皆さんの猫ちゃんは、口や歯を触らせてくれますか? まず第一歩は嫌がらずに口を触れるようになることです。「お口を触る→ご褒美《ほうび》(おやつ)をあげる」を、繰り返しましょう。口をいつでも嫌がらず、べたべた触らせてくれるようになったら、次は「歯を触る→ご褒美をあげる」を繰り返しましょう。そして、次は歯ブラシで歯をタッチ。それもできたら歯ブラシでちょっとゴシゴシ……。

これをやれば数ヵ月で歯磨きができるように! ……なるかもしれません……。

猫ちゃんですからできない子はできない。仕方ないです。ひとつ気をつけたいのは触るときは、嫌がる前にやめること！　嫌なことを好きにさせるのが目的なので、嫌がる前にやめるのがコツです。

猫の歯周病について

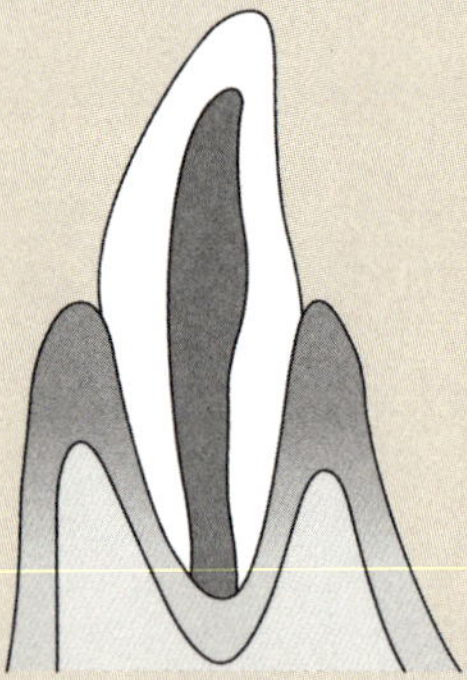

歯周病

歯と歯茎を支える組織が口の中の細菌（悪玉菌）の影響で破壊されていく病気です。この段階では、歯茎が少し赤く腫れます。見た目には軽い変化ですが、口臭が気になり始めることがあります。

歯周ポケット

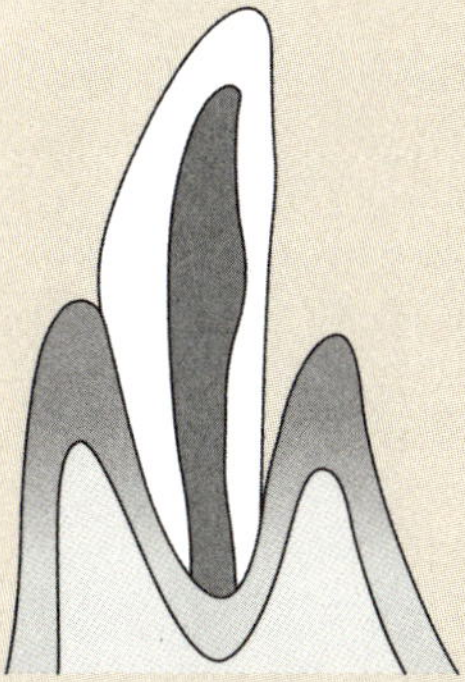

炎症が進むと、歯と歯茎の間に「歯周ポケット」と呼ばれる隙間ができ、細菌が溜まりやすくなります。この段階では、歯茎がさらに赤くなり、腫れが目立つようになります。おそらく猫は食事中に痛みを感じていると思いますが目立つ症状はないことが多いです。この段階なら全身麻酔下で歯、歯周ポケットをきれいにすれば改善が見られます。

歯槽骨が溶けた歯

歯周病が悪化すると、歯を支える骨（歯槽骨）が溶け始めます。これにより歯がぐらつき、抜け落ちてしまうこともあります。猫が痛みでご飯を食べにくそうにしたり、よだれを垂らしたりするのはこの段階まで進行している可能性があります。逆にいうと目立つ症状はここまで進まないと出ないことも多いです。治療には抜歯が必要になる場合が多いです。こうならないうちに治療してあげたいですね。

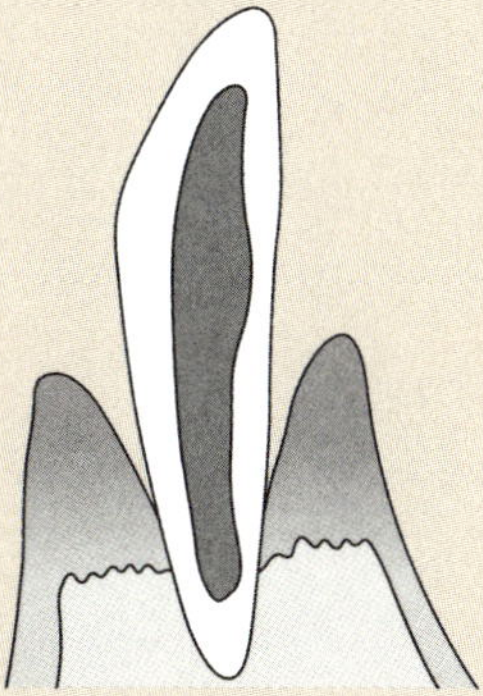

症状 1

口がくさい

猫ちゃんがあくびをしたときなどに、「なんかお口の中がくさいな」と感じたら、**歯周病《ししゅうびょう》**（P222）や**口内炎《こうないえん》**（P224）かもしれません。歯周病や口内炎では、口の中に悪玉菌が繁殖することで、嫌なにおいが発生します。においに加えて、「口の中が赤い」「血が出る」「歯が抜けた」「歯石がある」などの症状が見られることもあります。悪化する前に、動物病院で診てもらいましょう。

こわいのは、歯周病や口内炎だと思っていたら、数は少ないですが口の癌だったというケースもあります。口の癌の中で、猫ちゃんで最も多いのが**扁平上皮癌《へんぺいじょうひがん》**（P216）という病気の可能性もあります。口の癌の場合も、においや口の中が赤いなど、同じような症状が見られます。放置せずに、一度は動物病院に連れて行きましょう。

症状
2
歯ぎしり・くちゃくちゃ食べる・こぼす・顔をかく

猫ちゃんが「ガリガリ」と歯ぎしりをする、ご飯をくちゃくちゃ食べる、器の周りにこぼして汚してしまう、顔をよくかくなど、これらも**歯周病**《ししゅうびょう》（P222）や**口内炎**《こうないえん》（P224）の症状のひとつです。しかも、重度の可能性が高いです。

一見すると「歯周病や口内炎と何が関連しているの？」と思われるかもしれませんが、猫ちゃんが歯ぎしりをするのは、歯周病で歯茎が溶けて歯の長さが変わり、気持ち悪くて「ガリガリ」としているのかもしれません。くちゃくちゃ食べたり、こぼしたり、顔をかいたりするのは、口の中が痛いからです。これらの症状が進むと、ご飯を食べる量が減ったり、または食べなくなったりします。**扁平上皮癌**《へんぺいじょうひがん》（P216）でも、同じような症状が見られます。

症状
3
よだれを垂らす

猫ちゃんは、おいしそうなご飯を目の前にしても、よだれを垂らすことはありません。もし、よだれを垂らしていたら、何かしらの異常が起こっているサインです。最も多いのは、**歯周病**《ししゅうびょう》（Ｐ２２２）や**口内炎**《こうないえん》（Ｐ２２４）などの口の中の病気ですが、発作などの神経症状や、肝臓や腎臓などの内臓疾患による気持ち悪さなどが原因の場合もあります。猫ちゃんは気持ちが悪いときに、舌を出してペロペロするような仕草を見せることもあります。早めに病院で診てもらいましょう。

症状
4
あごの下に黒いブツブツがある

「猫ニキビ」と呼ばれる「座瘡《ざそう》」の可能性が高いです。詳しくはＰ１２６で紹介していま

す。しかし、「猫ニキビ」ではない場合もあるので、一度も病院で診てもらったことがないなら診てもらったほうがいいです。

症状 5 歯が折れた

猫ちゃんの歯も私たちと同じように、内部に神経や血管が通る「歯髄《しずい》」と呼ばれる部分があります。歯が折れたとき、この歯髄がむき出しになってしまうととても痛く、そこからばい菌が入って感染症になるリスクもあるので、基本的には歯を抜くことになります。

症状 6 口で「ハァハァ」と呼吸している

ワンちゃんが散歩中や暑いとき、興奮したときにする、あのハァハァです。パンティングといいます。猫ちゃんではほとんど見たことない方が多いんじゃないでしょうか？

実は猫ちゃんはこのパンティングはよっぽどのときじゃないとしません。遊びすぎたとき、病院などとてつもなくこわいことが起きて興奮しているとき以外に、このパンティングが見られたら重篤な病気が考えられます。とくに激しく動いていないのに、口でハァハァと呼吸する場合は、**心臓病《しんぞうびょう》**（Ｐ２２１）や**肺水腫《はいすいしゅ》**（Ｐ２１８）などの病気の可能性があります。また、夏では**熱中症《ねっちゅうしょう》**（Ｐ２１８）の心配もありますので、すぐに動物病院に連れて行ったほうがいいでしょう。肺水腫については、「呼吸」（Ｐ１２７）の章で紹介しています。

そこそこ遊んだ後にパンティングする猫ちゃんがたまにいます。もしレントゲンや心臓のエコーの健康診断をしたことがない場合は、念のために診てもらっておいたほうがいいです。心臓病だったり、肺に異常があったりするかもしれません。もちろん何もない場合もあります。その場合は、ハァハァする前に遊びをやめてあげたり、あとはクーラーで十分に部屋を冷やしたりすると、起きないパターンもあります。

Chapter

4

耳

猫の耳について

皆さんの猫ちゃんは耳掃除をやらせてくれますか？

自慢させてください。我が家のぶんざえもんは耳掃除大好きなんですよ。好きすぎて早く耳掃除やってくれとおねだりするほどです。通常猫ちゃんは耳掃除嫌いですよね。自慢話はさておき例のごとく耳の構造について説明しましょう。

耳の外側に出ている部分を耳介《じかい》と呼びます。耳介から垂直に入っていく垂直耳道《すいちょくじどう》があって、途中から横に入る水平耳道《すいへいじどう》があり、その奥に鼓膜《こまく》や鼓室《こしつ》があります。鼓室の奥に三半《さんはん》規管《きかん》や蝸牛《かぎゅう》があり身体の平衡感覚を取っています、この三半規管や蝸牛などが炎症を起こす、いわゆる**内耳炎《ないじえん》**（P220）になると、頭を常に傾けたり歩くときにフラフラしたり、神経に関連した症状が出ます。ただし、猫ちゃんでは少ないです。

鼓膜の奥の鼓室で炎症が起こるのが**中耳炎《ちゅうじえん》**（P220）で、耳の入り口から鼓膜までの耳道で炎症が起こることを**外耳炎《がいじえん》**（P227）と呼びます。スコティッシュフォールドやアメリカンカールなどの、垂れ耳や耳がカールした猫ちゃんは、耳の中の通気性が悪いので、外耳炎になりやすいといわれています。ですから、飼い主さんは定期的に、耳あかの状態などをチェックしてあげてください。

猫の耳の構造図

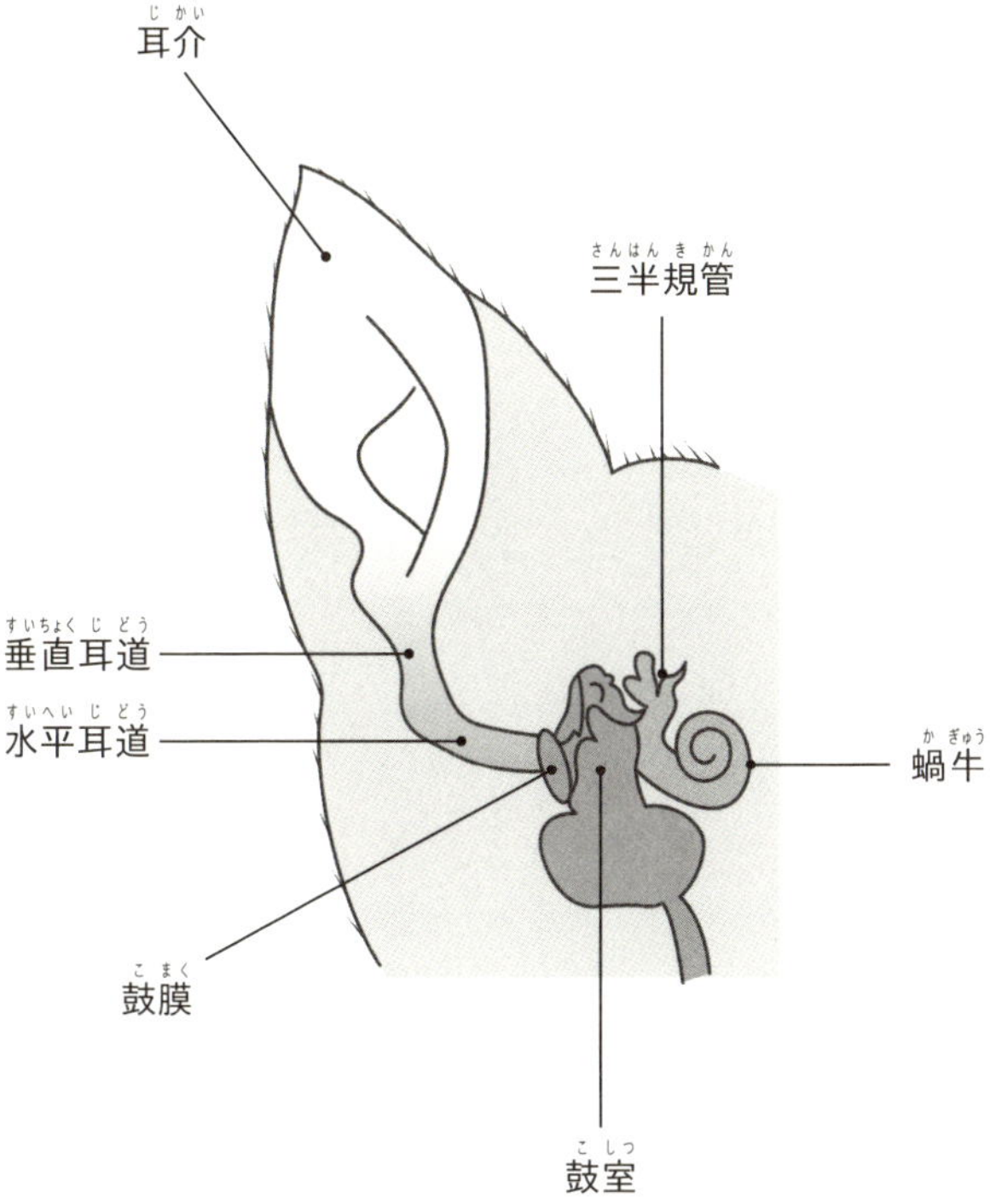
耳介《じかい》
三半規管《さんはんきかん》
垂直耳道《すいちょくじどう》
水平耳道《すいへいじどう》
蝸牛《かぎゅう》
鼓膜《こまく》
鼓室《こしつ》

症状 1

耳、耳周辺を頻繁にかく

猫ちゃんが耳をかくとき、耳の入り口付近の症状なので、外耳炎《がいじえん》（P227）かな？と思う方もいるかもしれませんが、耳をかく原因は、外耳炎だけではありません。次のような病気も考えられます。皮膚糸状菌症《ひふしじょうきんしょう》（P217）、アレルギー、虫刺され（蚊）、できもの、自己免疫性疾患《じこめんえきせいしっかん》（P222）、意外なところだと歯の病気なんてこともあります。

外耳炎の原因として多いのは、耳ヒゼンダニです。このダニに感染していると、べちょべちょとした黒い耳あかが出ます。その耳あかをとって顕微鏡で見ると、ダニがウヨウヨいて、びっくりすることがあります。このほか、猫ちゃんではあまり多くはありませんが、細菌感染や、マラセチアというカビが原因で外耳炎になるケースもあります。

野良猫ちゃんや仔猫だと耳ダニが多く、スコティッシュフォールドやアメリカンカールなど耳の形が特殊な子は細菌やマラセチアなどのカビが原因なことが多いです。

皮膚糸状菌症は、カビが原因の病気です。猫ちゃんはあまりかゆくはないみたいですが、治療には数ヵ月くらい時間がかかることもあり、けっこう厄介です。人にもうつることがあり、実は、私も一度うつったことがあります。人間は超かゆいです！　人が感染すると、リングワームと呼ばれる特徴的な赤い輪っかが皮膚にできます。

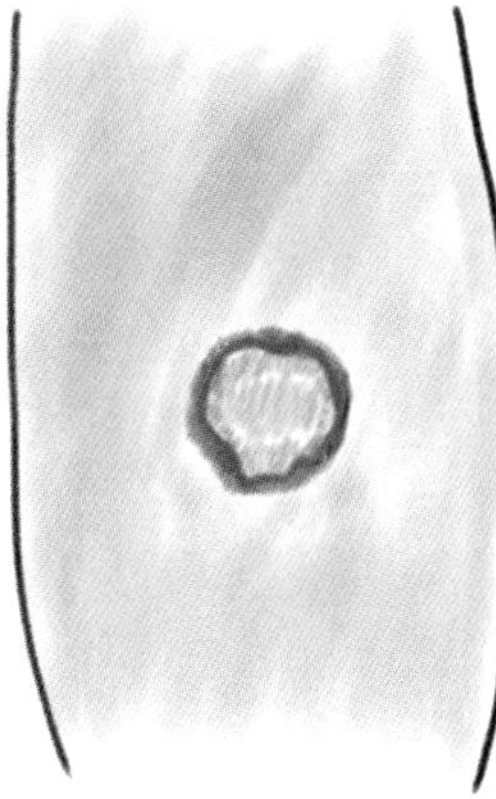

人間の腕にできた
リングワーム

歯周病《ししゅうびょう》（P222）が原因で、耳の下をかくような仕草をすることがあります。猫ちゃんは歯が痛くて、気になるところを触っているのですが、飼い主さんからすると耳をかいているように見えるんですね。ほかにも耳がかゆいのかと思ったら、目の病気だったこともあります。

耳がかゆいという症状ひとつだけで、どの病気かを判断するのは獣医でも診断が難しいです。猫ちゃんがしきりに耳をかいたり、家具にこすりつけたりしていたら、一度、動物病院で診てもらうようにしましょう。

症状 2

耳が汚れている

耳掃除は、してあげたほうがいい？

猫ちゃんの耳は、通常はきれいなので、多くても1週間に1回、コットンで耳介《じかい》の部分を拭いてあげるだけで十分です。耳には自浄作用といって、勝手にきれいな状態を保つ機能が備わっています。また、耳あかの中にいる細菌が、腸内にいる善玉菌のような、耳の状態を良く保つための働きをしている作用もあるようです。それなので耳掃除のやりすぎ

は良くないですね。

猫ちゃんが気持ちよさそうだからと、綿棒で耳の中（耳道《じどう》）まで掃除するのは、やめたほうがいいです。綿棒によって耳道を傷つけて、そこからばい菌が入り**外耳炎**《がいじえん》（P227）になりかねません。

実はこれはけっこう多いです。耳鏡《じきょう》といって耳の中を見る器具があるのですがそれで見ると綿棒の跡のような傷ができています。「耳掃除やらなすぎ」で外耳炎になった子はほとんど経験ないですが、「耳掃除やりすぎ」で外耳炎になる子は普通に経験あります。ただし、スコティッシュフォールドなどのお耳の形が特殊な子は除きます。

え？　うちの子は3日に1回耳掃除しないと汚れる……。その場合、何かしらの病気の可能性があるので、動物病院で検査をしてもらいましょう。

ほかにも耳あかをコットンで拭こうとしたとき、耳あかが大量に溜まっていたり、コットンで拭いてもべちょべちょとして汚れが取れなかったりするときも同じです。健康な猫の耳はきれいです。

症状

3

耳の後ろ側の毛がハゲている

耳の後ろ側の毛がハゲるのは、先ほど紹介した症状1とほぼ同じで、**外耳炎**《がいじえん》（Ｐ２２７）や**皮膚糸状菌症**《ひふしじょうきんしょう》（Ｐ２１７）、アレルギー、虫刺され（蚊）、**自己免疫性疾患**《じこめんえきせいしっかん》（Ｐ２２２）などの症状として見られます。猫ちゃんはかゆいとしきりにかいてしまい、その部分がハゲてしまうパターンと、かゆくはないが症状として脱毛してしまうパターンがあります。

ただし、腫瘍や皮膚病ではなく全身性のホルモンの病気の場合、かゆくないのにハゲることもあります。また、アレルギーでステロイドを長期服用した場合、1～2週間程度の使用はＯＫですが、1ヵ月～数ヵ月以上の使用で毛が抜けてハゲることがあります。

症状

4

耳にできものがある

耳にできものがある場合は、**耳血腫**《じけっしゅ》（P223）か耳の腫瘍のどちらかです。猫ちゃんが耳血腫になったとき、飼い主の皆さん口をそろえて「急に耳が大きくなっちゃった！」と言って来院されます。マギー審司じゃないんだから、耳が急に大きくなるなんてあるわけがない！　と思われるかもしれませんが、本当に突然耳が大きくなります。

耳血腫の原因は、耳のひらひらとした耳介の部分に、血が溜まって腫れてしまうことです。耳介は軟骨でできていて、どこかに強くぶつけたり、ばい菌が入ったり、頭を振りすぎたりすると、内部で出血して血が溜まってしまうのです。注射で血を抜いたら治る場合もありますが、よくならないときは、手術が必要なケースもあります。

耳の腫瘍が原因の場合、その原因となる病気は悪性のものだと**扁平上皮癌**《へんぺいじょうひがん》（P216）、**基底細胞癌**《きていさいぼうがん》（P226）、**悪性黒色腫**《あくせいこくしょくしゅ》**（メラノーマ）**（P227）、**肥満細胞腫**《ひまんさいぼうしゅ》（P217）、**耳垢腺癌**《じこうせんがん》（P223）、**リンパ腫**《しゅ》（P215）、良性のものだと**乳頭腫**《にゅうとうしゅ》（P219）、**耳垢**《じこう》

腺腫《せんしゅ》（Ｐ２２３）、**炎症性《えんしょうせい》ポリープ**（Ｐ２２７）などが考えられます。

猫の耳にできる腫瘍は、約８割が悪性といったデータもあります。できものは耳の外側にも内側にもできることがあり、大きなできものだけでなく、小さな粒々だったり、赤や黒の発疹だったり、さまざまなパターンがあります。

しかし、通常は耳にできものができることはなく、見たことがないという飼い主さんが多いと思います。もし、耳に何かできものができたら、早めに動物病院を受診し、しっかりと原因をチェックしてもらいましょう。

Chapter
5
首

猫の首について

ウルトラスーパーどうでもよい雑学なんですが人間が4足歩行するとどこが最初に疲れると思いますか？　実は、首らしいです。だから人間よりも猫や犬などの4足歩行の動物は首の筋肉がしっかりしているらしいです。我が家のぶんざえもんやほかの猫ちゃんもそうだと思うのですが、たまに箱の端っこに首を乗っけたりしてて疲れないのかな？　と思いますがきっと首の筋肉がすごいので大丈夫なんでしょうね。

皆さんは首の病気で何を頭に思い浮かべますか？　むちうち？　寝違えた？　ヘルニア？猫ちゃんで首の関節の病気は少ないですね。筋肉の話も関係あるかもしれませんが、関節が柔らかいからかもしれません。ただし、首の病気がないわけではありません。病気は少ないですが首の骨の構造についてお話ししておきましょう。

首の骨のことを頸椎《けいつい》と言います。首を支えている骨で七つあります。ちなみに哺乳類はみな同じ数で、あの首の長いキリンも同じ数でびっくりです。第一頸椎は環椎《かんつい》、第二頸椎は軸椎《じくつい》と呼ばれ、この二つの連動が首の回旋《かいせん》運動を可能にしています。骨の内部には、頸椎と頸椎の間には椎間板《ついかんばん》というクッションの役割をする軟骨があります。これがあるから骨と骨がギシギシならず可動性を持ちます。神経がこの椎間板の背中側に通っていて、**椎《つい》間板《かんばん》ヘルニア**（Ｐ220）とは椎間板の一部がモコッて出てきて神経を圧迫した状態です。

猫の首の構造図

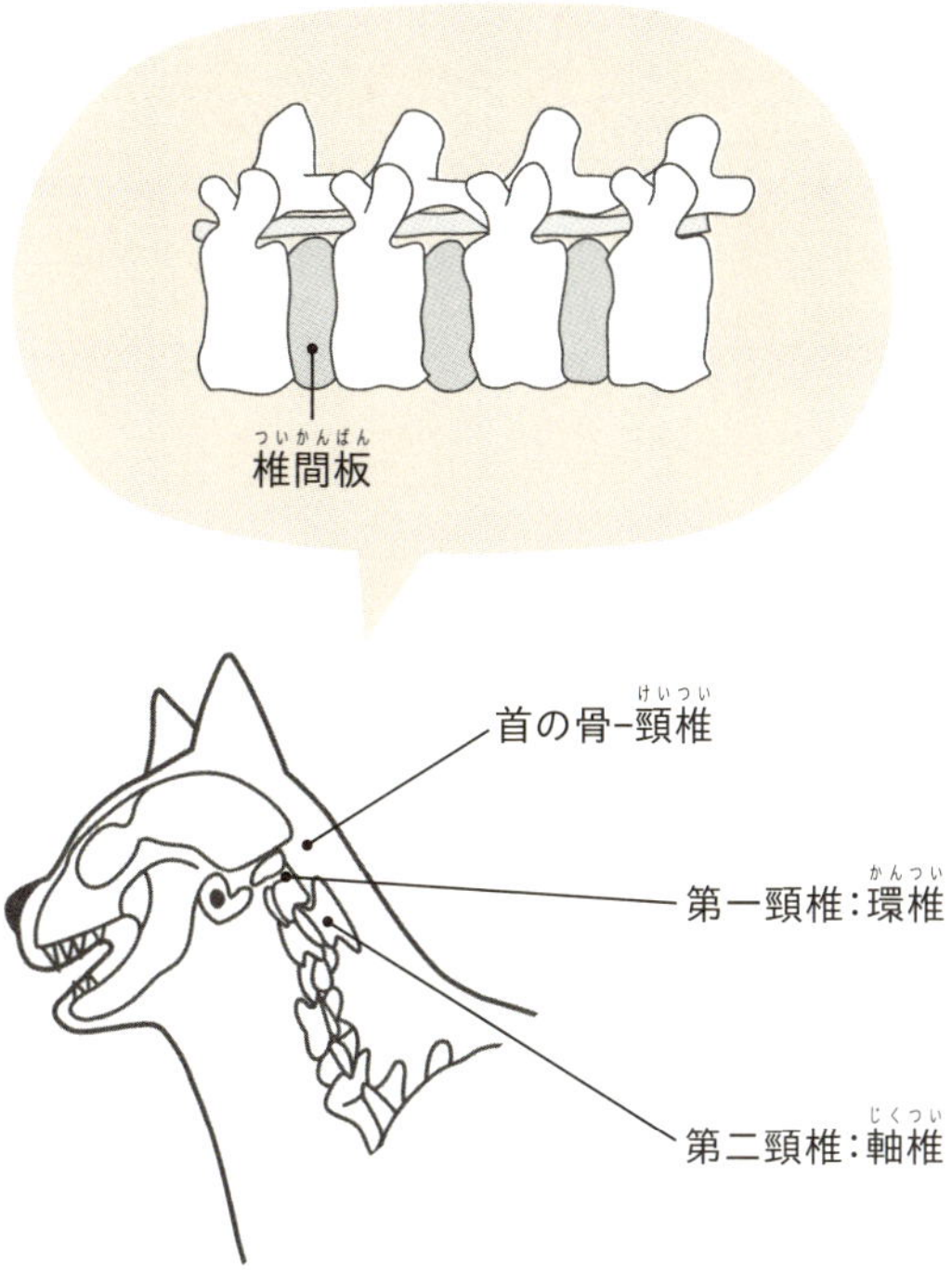

症状1

首まわりがハゲている

首まわりがハゲている原因として、まず考えられるのが首輪です。首輪のサイズや素材が、猫ちゃんに合っていないのかもしれません。首輪を猫ちゃんに合ったものに買い換えるか、そもそもどんな首輪でも気になってハゲちゃう子もいるみたいなので、首輪をつけないのもまたアリかもしれません。

皆さんは何のために首輪をつけますか？　万が一脱走したときに見つかりやすくするため？　連絡してもらうため？　鈴をつけて居場所がわかるように？　いやいや、かわいいから？　「かわいいからつける」自体否定するつもりはありませんが、ハゲている場合は外したほうがいいかもしれませんね。

意外ですが、脱走したときに首輪をつけていても、つけていなくても保護される・見つかる可能性はそこまで変わらないかもしれません。というのもまず理由のひとつに保護された猫が首輪を理由に元の飼い主のところに戻れたパターンが少ない、というデータがあります。それに皆さんは首輪をつけている猫が外を歩いていたらどう思いますか？　お散歩中かと思って、保護しないんです。首輪をつけたワンちゃんがひとりで歩いていたら、「え⁉」ってなるのですが。そのため、猫が首輪をすることで迷子になりづらい、保護されやすい、とは考えづらいと思っています。今はマイクロチップも入っていますしね。

つまり、実は首輪をつけるメリットってあまりないんです。唯一あるとすれば、万が一外に出てしまったときに悪い人にいじめられにくいですね。野良猫より誰かの所有物であることの証の首輪がついていると、いじめられにくい、っていうのはあります。

首輪が原因のほか、皮膚病によっても、首のまわりがハゲることがあります。ノミやカビ、アレルギー、虫刺されなど、皮膚病の原因はさまざまです。皮膚の「ハゲる（脱毛）」（P113）で詳しく紹介していますので、ぜひ、そちらも読んでください。

症状 2

首が腫れている（しこり・できものがある）

首が腫れている場合は、**リンパ腫《しゅ》**（P215）や、その他の癌、**甲状腺機能亢進症《こうじょうせんきのうこうしんしょう》**（P224）などの病気が疑われます。リンパ腫とは、白血球の一種であるリンパ球が、癌に侵される病気です。リンパマッサージを受けたことがある方なら、首や脇の下、膝の裏などをマッサージされた経験があることでしょう。こうした部分にはリンパ節があり、リンパ腫になるとこのリンパ節が腫瘍化して、首が腫れることがあります。ちなみに、リンパ腫による首の腫れは、飼い主さんが触っても気づきやすいですが、甲状腺機能亢進症による腫れはまず無理ですね。ちなみに僕も触診でわかったことはないです。

リンパ腫やほかの癌で首が腫れた場合、腫瘍が気管を圧迫して、呼吸ができなくなってしまうことがまれにあります。リンパ腫の症状が見られる場合、すでに重症である可能性が高いので、すぐに動物病院に連れて行くようにしましょう。

甲状腺機能亢進症は、身体の代謝を活発にする甲状腺ホルモンが出すぎる病気です。そのため、首の腫れのほかに、高齢なのに活発に動き回る、食欲があるのにやせてきた、シャーシャーと攻撃的になった、水をしょっちゅう飲む、嘔吐が増えたなどの症状が見られます。**甲状腺腫瘍**《こうじょうせんしゅよう》（P224）によっても、甲状腺ホルモンが過剰に分泌されて同じような症状があらわれることがあります。

症状 3 首にかさぶたやブツブツがある

症状1のハゲると同じで首輪が原因のことも多いです。猫ちゃんの皮膚の病気で覚えておいてほしいことがひとつあります。猫ちゃんは皮膚病の症状や、症状のある部位で病気の特定ができないといわれています。つまり、見た目の症状からの診断が難しいです。ある程度のデータはあります。腰の皮膚はノミが多い、などです。しかし特定はできません。首に皮膚病のような症状があっても100％首輪が原因ではないので、気になる場合は病院へ連れて行きましょう。

症状4
猫の首をつかんで持ち上げるとおとなしくなる

「へ～」って思ってやらないでくださいね！　基本的に仔猫にしか通じません！　しかも緊急事態のときに母猫が仔猫を運ぶためにすることです。そのため人間も同じように首をつかんで持ち上げるのは、首を傷めてしまうかもしれませんし、どのくらい猫にストレスがかかるのかは不明です。*キャットフレンドリークリニックの「猫に優しい診察の基準」では、これは「やるな」ってなっています。

猫の首にクリップをするとおとなしくなる、というのも同様で首やつまんだところの神経を傷める可能性があるのでやめましょう。

*キャットフレンドリークリニック……猫に優しい動物病院の基準として、設備・機器などに関しての国際基準をＩＳＦＭ（猫の国際医学会）が定め、それらをクリアした動物病院のみが「キャットフレンドリークリニック」と称することができる。

Chapter
6

お腹

猫のお腹について

猫ちゃんが仰向けになって〝へそ天〟の姿勢で完全にリラックスしている姿を見るのは、とても癒されますよね（ちなみに、ぶんざえもんはへそ天しない……見られる人はうらやましい）。思わずなでなでしたり、顔をうずめたり、抱きついたりしたくなりますが、そこはグッと我慢！　猫が触られたくない場所10年連続1位はお腹です。

とはいえ、まったく触れないのは問題あるかもしれませんね。月に1回ほど、お腹を触ってチェックすることで、**乳腺腫瘍**《にゅうせんしゅよう》（Ｐ２２０）などの病気を早期発見することもできます。お腹にあらわれる症状によって、どんな病気が考えられるのか、これから紹介していきましょう。

猫のお腹の構造図

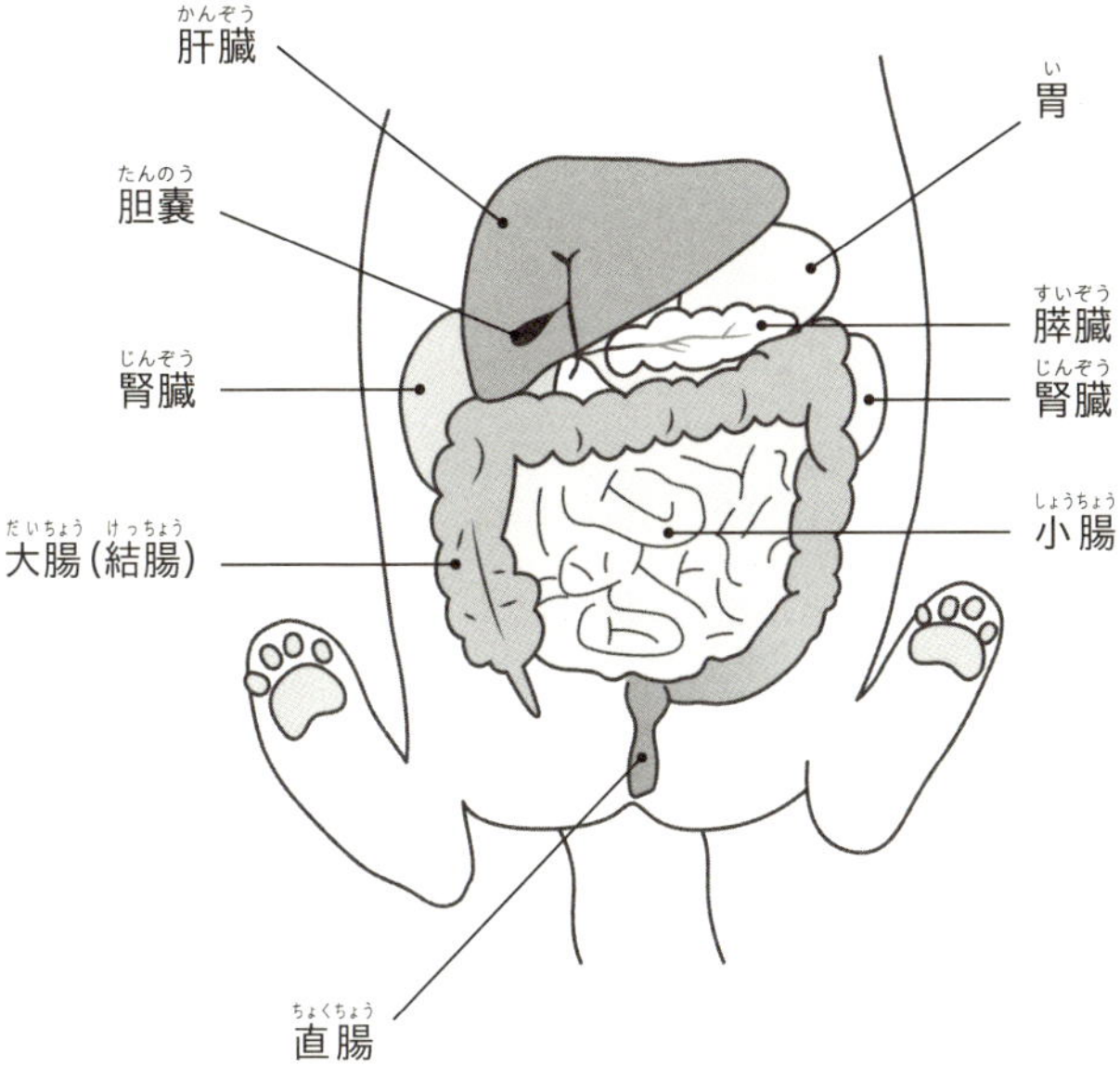

肝臓《かんぞう》
胆嚢《たんのう》
腎臓《じんぞう》
大腸《だいちょう》(結腸《けっちょう》)
胃《い》
膵臓《すいぞう》
腎臓《じんぞう》
小腸《しょうちょう》
直腸《ちょくちょう》

症状

1

お腹が大きくなった

猫ちゃんのお腹が大きくなっているな、張っているなと感じる場合、腹水《ふくすい》が溜まっている、**腹腔内腫瘍**《ふくくうないしゅよう》（Ｐ２１７）、便秘、妊娠、**子宮蓄膿症**《しきゅうちくのうしょう》（Ｐ２２３）などの原因が考えられます。妊娠以外の病気の場合見た目でわかる場合はかなり重症です。

腹水が溜まる病気としては、**猫伝染性腹膜炎**《ねこでんせんせいふくまくえん》**（FIP）**（Ｐ２１８）や**腹腔内腫瘍**、**低**《てい》**アルブミン血症**《けっしょう》（Ｐ２２０）、心不全などがあります。お腹に水が溜まると、胃などの臓器が圧迫されて食欲不振になったり、呼吸がしづらくなったりする症状が見られることもあります。

避妊手術をしていないメス猫とオス猫を一緒に飼っている場合、お腹が大きくなった原因としてまず考えられるのが「妊娠」です。猫ちゃんは、ちょっと難しい言葉になりますが、「交尾排卵動物」《こうびはいらんどうぶつ》といって、交尾をすると、その刺激で排卵します。ですから、妊娠の確率がとても高いです。また、一度の妊娠で４匹〜６匹とたくさんの仔猫が生まれます。おそらく、これほどたくさんの猫ちゃんを飼える方は少ないと思います。飼えないのに、猫ちゃんを妊娠させるのは、飼い主さんの不注意以外の何ものでもありませんので、つがいで飼う場合は、避妊や去勢手術を必ず行ってあげましょう。

また、ワンちゃんに比べると、猫ちゃんではあまり多くありませんが、「子宮蓄膿症」という病気でも、お腹が大きくなることがあります。子宮が細菌感染によって炎症を起こし、子宮の内部に膿が溜まってしまう病気です。

症状 2
お腹を触ると怒る

これは、普通によくあることですね（笑）。猫ちゃんは、お腹を触られるのが嫌な子が多いです。猫ちゃんにとってお腹は急所ですので、いきなり触られるのを嫌がるのだといわれています。ただ、関節炎《かんせつえん》（P226）が原因の場合もあります。猫ちゃんのお腹に手を当てて持ち上げようとしたとき、姿勢が変わるため腰に痛みが走り、怒っていることも考えられます。また、膵炎《すいえん》（P221）などのお腹の病気で炎症が起きて痛いこともあります。

症状

3

しこりがある・かたいものが触れる

猫ちゃんのお腹をなでていて、お腹の内部にしこりやかたいものがある場合は、便秘でお腹にうんちが溜まっていたり、まれに腫瘍ができていたり、ということがあります。

一方でお腹や胸の外側（皮膚）にしこりやかたいものができている場合は、**乳腺腫瘍《にゅうせんしゅよう》**（P220）みたいなこわい病気のこともあります。乳腺腫瘍とは、乳腺、いわゆる猫ちゃんのおっぱいにできる「乳癌」です。90％が悪性という報告もあり、発見が遅れると数ヵ月で亡くなることがあるこわい病気です。猫ちゃんでは**リンパ腫《しゅ》**（P215）、皮膚腫瘍に次いで、三番目に多い癌で、10万頭あたり12・6〜25・4頭が発症するというデータがあります。10〜12歳で、メスに発症することが多いです。

乳腺腫瘍で大切なのは、予防と早期発見です。予防については、避妊手術を早めに行うことで予防できます。避妊手術を生後6ヵ月以内に行うことで、発症率が91％低下、7〜12ヵ月以内で86％低下、13〜24ヵ月で11％低下するといわれています。24ヵ月以降は効果がないので、生後1年以内に避妊手術を行うことが、予防のためには大切ですね。

早期発見については、乳腺腫瘍が2センチ以内の状態で発見して切除することで、寿命を延ばせる可能性が高いです。乳腺腫瘍を見つけるためのセルフチェック方法は、「キャットリボン運動」のホームページ（https://catribbon.jp/）に詳しく紹介されていますので、ぜひ参考にしてみてください。

症状 4
お腹がハゲる・お腹をなめる

猫ちゃんのお腹の毛が抜けて地肌が見える場合、皮膚「ハゲる（脱毛）」（P113）も参考にしてください。そこでも説明していますが、「皮膚疾患」や「ストレス」「内分泌疾患」「痛み（何か別の病気がある）」などが考えられます。
ノミやカビによる皮膚疾患や、ホコリやハウスダストが原因のアレルギーなどがあり、かいたりなめたりするうちにハゲてしまうのです。ストレスによって脱毛することがあります。また、意外に思われるかもしれませんが、痛い場合にも猫ちゃんはその部分をかいた

りなめたりします。たとえば、**膀胱結石**《ぼうこうけっせき》（Ｐ２１６）などが考えられます。

お腹が左右対称にハゲている場合は、**クッシング症候群**《しょうこうぐん》（Ｐ２２５）などの内分泌疾患が疑われます。ただし、ホルモンに関する病気のため、かゆみはなく、かいたりなめたりしないところが特徴です。

症状 5 たるたるお腹

猫ちゃんのお腹について、飼い主さんからよく耳にするのが、「お腹のたるみが気になる」という声。後ろ足の付け根からお腹にかけての皮膚がたるんでいるように見えるのは、「ルーズスキン」といって病気ではありません。一説には、肉食動物に襲われたときに、内臓までやられないように皮膚がたるんでいるのだといわれています。ただし、肥満によっても、お腹がたるむことがあります。肥満の場合は、お腹だけでなく全身に脂肪がついているはずです。見た目だけで判断するのは難しいので、健康診断などでレントゲンを撮影し、診てもらうのもアリです。詳しくは次ページのコラムを参照してください。

コラム

ルーズスキンってなに？

ルーズスキンをご存じですか？　猫ちゃんのお腹のタプタプとした部分、実は「ルーズスキン」と呼ばれるものです。これはただの脂肪ではなく、猫ちゃんの身体にとって重要な役割があるのです。ルーズスキンの主な役割を次にあげます。

①**身を守る**　野生の猫はけんかをすることが多く、かまれたり引っかかれたりするリスクがあります。このタプタプがクッションとなり、内臓を保護しています。

②**運動しやすい**　余った皮膚のおかげで、ジャンプや伸びなどの動きがスムーズになります。

獣医ならではの視点で、ルーズスキンを次ページのレントゲンで確認してみましょう。Aのレントゲンに引かれている線がお腹の境目で、それより下がルーズスキンの部分です。たとえば、Bの猫ちゃんのレントゲンを見ると、線の下にルーズスキンがほとんどないことがわかります。このように、ルーズスキンは猫によって量に差があり、「ない子」もいるのです。そのため多くの飼い主さんが「これは脂肪なの？　それともルーズスキン？」と悩みます。こうした疑問もレントゲンを撮ると一目瞭然。もしかしたら、「太っている」と思い込んでしまい、必要以上にダイエットさせてしまっているかもしれません。もし、おやつを減らそうとすれば、猫ちゃんからの「クレーム」が殺到するかもしれませんよ！　ルーズスキンと脂肪を正しく見極めて、猫ちゃんに合ったケアをしてあげてくださいね。

A

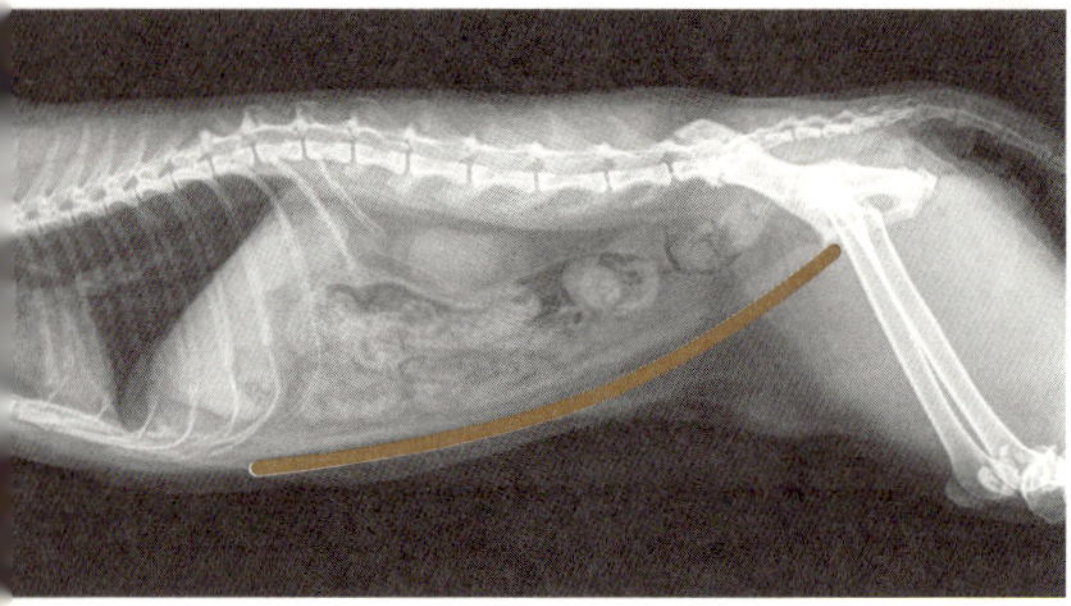

ルーズスキンのある猫のレントゲン

B

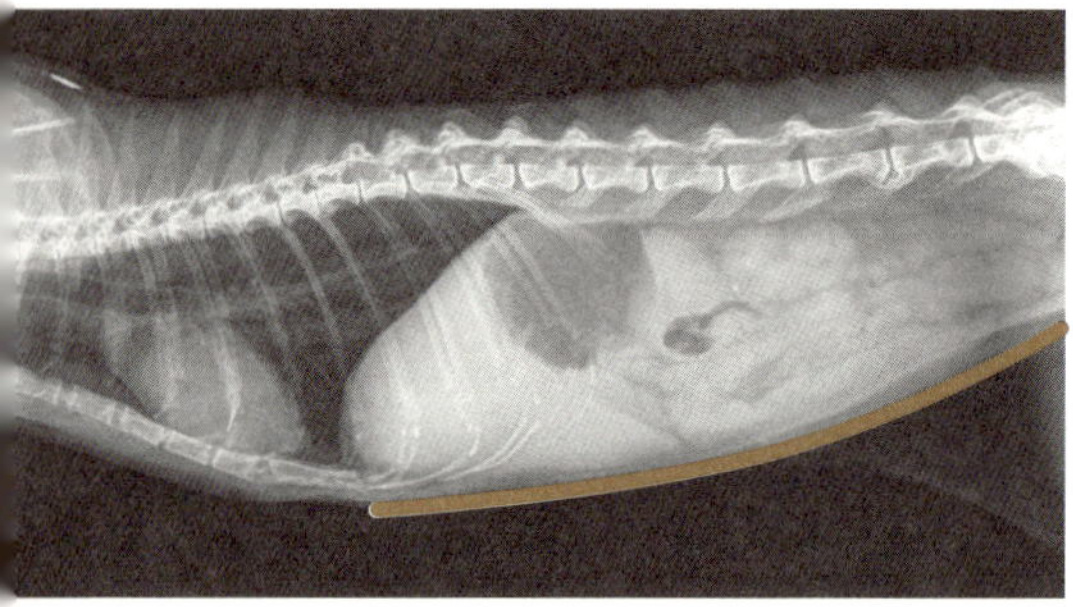

ルーズスキンのない猫のレントゲン

Chapter
7

腰

猫の腰について

「おしりトントン」を知っていますか？　猫ちゃんの腰やしっぽの付け根あたりを、「トントン」と優しくたたいてあげるコミュニケーションのことを言い、猫ちゃんによっては、この「おしりトントン」が好きな子がいます。また、猫ちゃんによってはトントンどころかペシペシと、それもけっこうな強さでたたかれるのが好きな子もいます。普通は嫌だと思うので実験しないでください（笑）。若いころは、「おしりトントン」が好きで、たたいてほしいとおねだりするような仕草を見せていたのに、あるときからトントンされるのを嫌がるようになったら、腰に病気が潜んでいるサインかもしれません。

　また、腰をよくなめたり、かいたりしている場合は、ノミが原因の皮膚病にかかっている可能性があります。ここでは、腰にどんな症状が見られたら、病気の可能性があるかを詳しく紹介していきましょう。

猫の腰の構造図

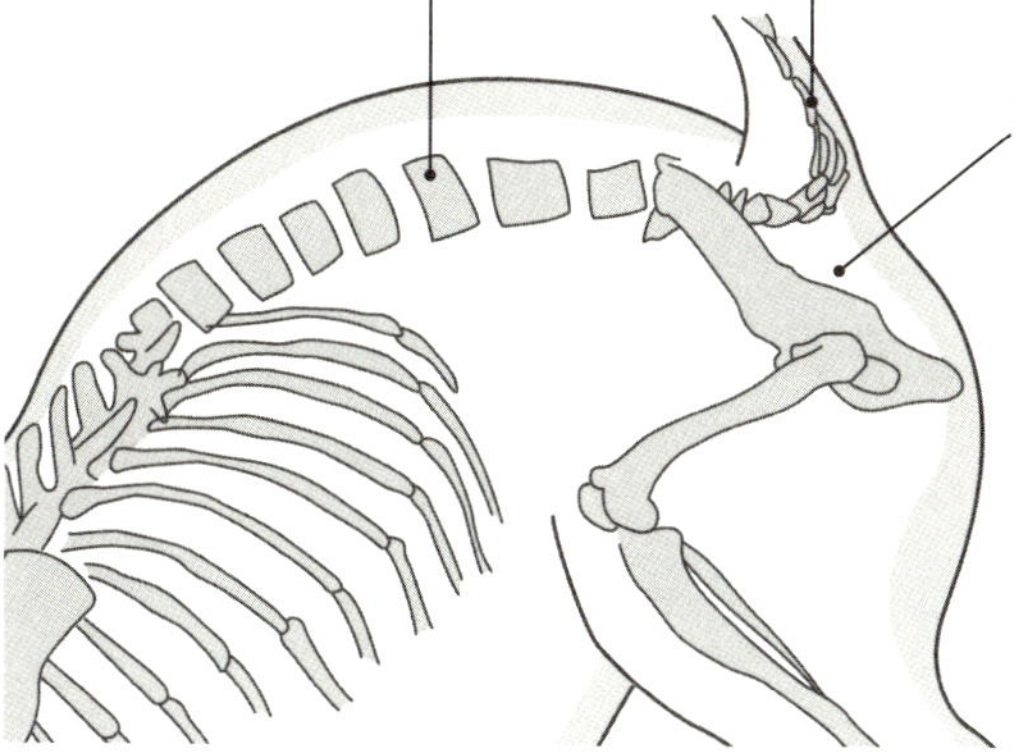

症状
1
腰を触ると怒る

腰を触ると怒ったり、触られるのを嫌がったりする場合は、腰に「痛み」があるのかもしれません。考えられる病気は、**関節炎**《かんせつえん》（Ｐ２２６）、**馬尾症候群**《ばびしょうこうぐん》（Ｐ２１７）、**椎間板**《ついかんばん》**ヘルニア**（Ｐ２２０）などです。

椎間板ヘルニアとは、背骨と背骨の間にあってクッションのような役割を果たしている椎間板が飛び出し、神経を圧迫してしまう病気です。猫ちゃんは身体が柔らかいためなのかこの病気になるのはとても珍しいです。馬尾症候群は、腰の付け根からしっぽにある神経が圧迫されることで起こる神経障害です。

腰に痛みを引き起こす病気として、最も多いのが関節炎です。**変形性脊椎症**《へんけいせいせきついしょう》（Ｐ２１６）、**変形性関節症**《へんけいせいかんせつしょう》（Ｐ２１６）といわれたりします。12歳以上の猫ちゃんでは、90％以上に関節炎があるといわれています。年齢とともに関節にある軟骨が壊れてかたくなり、クッション性がなくなって痛みが起こる病気です。「触ると怒る」以外に、次のような症状が見られたら関節炎かもしれませんので、ぜひチェックしてみてください。

●問題なくジャンプできますか?
●最近、寝る時間が増えていませんか?
●ダッシュしていますか?
●爪はシャキーンと研がれていますか?
●毛はつやつやですか?
●トイレは問題なくできますか?
●遊びますか?

関節炎で腰に痛みがあると、若いころの素早いジャンプとは違い、「よっこいしょ……」とゆっくりジャンプしたり、高いところからそっと降りたりするようになります。また、ダッシュや遊びもあまりしなくなり、寝ている時間が長くなります。腰が痛いと、グルーミングや爪研ぎがうまくできなくなり、毛づやが悪くなったり、一部の爪がうまく研げなかったりします。関節炎は、急性の病気ではありませんので、急いで動物病院に連れて行く必要はありませんが、気になる場合は、一度病院で診てもらいましょう。また、定期的に健康診断を受け、チェックしてもらうことも大切です。

症状

2

腰のあたりをかく・なめる、ハゲている

腰のあたりをよくかいたり、なめたりする場合は、皮膚炎、その中でも**ノミアレルギー性皮膚炎**《せいひふえん》（P218）の可能性があります。ノミはなぜか猫の腰にいることが多く、腰がかゆい場合はノミが原因のことが多いです。一度腰から出血するという症状で病院に来た猫ちゃんの腰がノミだらけのことがありました。ノミは血を吸うので血のうんちが出ます。そのせいで飼い主は腰が出血していると思ったんでしょうね。「皮膚」（P111）の章でも説明しますが、猫ちゃんはノミが1匹いるだけでもかゆく、腰のあたりをよくかいたり、なめたりします。その結果、毛が抜けてハゲてしまうこともあります。

また、猫ちゃんは「痛み」がある場合も、同じ場所をよくかいたり、なめたりします。腰をかいて気にしている場合は、**関節炎**《かんせつえん》（P226）などによって痛みが生じていることもあります。

症状

3

腰のあたりにフケが多い

普段グルーミングをして、全身を清潔に保っている猫ちゃんにフケが出ていたら、関節炎による痛みによってグルーミングができなくなっているのかもしれません。このほか、**ノミアレルギー性《せい》皮膚炎《ひふえん》**（P218）、**皮膚炎《ひふえん》**（P217）でも腰にフケが見られることがあります。

太りすぎもフケの原因として考えられます。**関節炎《かんせつえん》**（P226）と同じようにグルーミングがしにくくなるのと、身体の末端に栄養が行きづらくなることで、腰に限らずフケが出やすくなるのです。フケについては、「皮膚」（P111）の章でも詳しく紹介していますので、ぜひそちらもチェックしてください。

コラム

猫ちゃんを飼うには いくらあればいい？

猫ちゃんのための予備費として50万〜80万円ほど用意しておいたほうがいいかもしれません。なぜなら、「猫ちゃんの誤飲」「骨折」など、緊急手術・入院でトータル50万円ほどかかってしまうからです。骨折してお金がないからオペできない……となると、猫ちゃんがかわいそうです。次に猫ちゃんにかかる費用をまとめてみました。

●フード1ヵ月（2キロ）　1500円〜1万5000円　●トイレ1ヵ月　1000〜3000円　●病院代　（エコー、レントゲン、尿検査、血液検査、治験費）3万〜6万円　（入院1週間）約20万円　●その他おもちゃ、おやつなど

つまり、1ヵ月約3000〜2万円、病院に行った月はさらに数万円お金がかかることも。若くて健康なときはいいですが、年齢を経ると病院に行く回数も多くなります。「一目ぼれしちゃった〜」と言って連れ帰る前に、この金額をしっかり頭にいれておきましょう。ペット保険もありますが、支払い条件はしっかり確認しましょう。

Chapter
8
足・関節

関節炎《かんせつえん》（P226）の猫ちゃんはとても多く、12歳以上の猫ちゃんのうち90％以上が**変《へん》形性関節症《けいせいかんせつしょう》**（P216）というデータがあります。実際に、健康診断で高齢猫ちゃんのレントゲンを撮ると、たいてい関節炎が見つかります。けれども健康診断で関節炎が見つかっても、その関節炎がいつから発症していたのかはわからず、もしかしたら大分前から発症していた慢性の関節炎の場合もあります。なぜなら、猫ちゃんは痛みがあることを隠そう、隠そうとするからです。私たち人間の場合、痛みを隠すことはなく、やれ腰が痛い、やれ膝が痛いと、愚痴ばっかり言っていますけどね（苦笑）。

一方で、猫ちゃんは弱みを見せることは、自然界では危険なことですから、なるべく隠そうとするのです。ですから、飼い主さんは、これから説明する項目をチェックして、関節炎などの痛みによる症状が出ていないか、気にかけてあげましょう。関節炎がある場合、痛み止めの薬やサプリメントを飲んだり、マッサージなどを受けたりすることで、猫ちゃんの痛みが和らぎ、QOL（Quality of Life：生活の質）が大幅に向上します。12歳以上の猫ちゃんのうち90％以上は変形性関節症があると、ぜひ覚えておきましょう。

猫の足関節の構造図

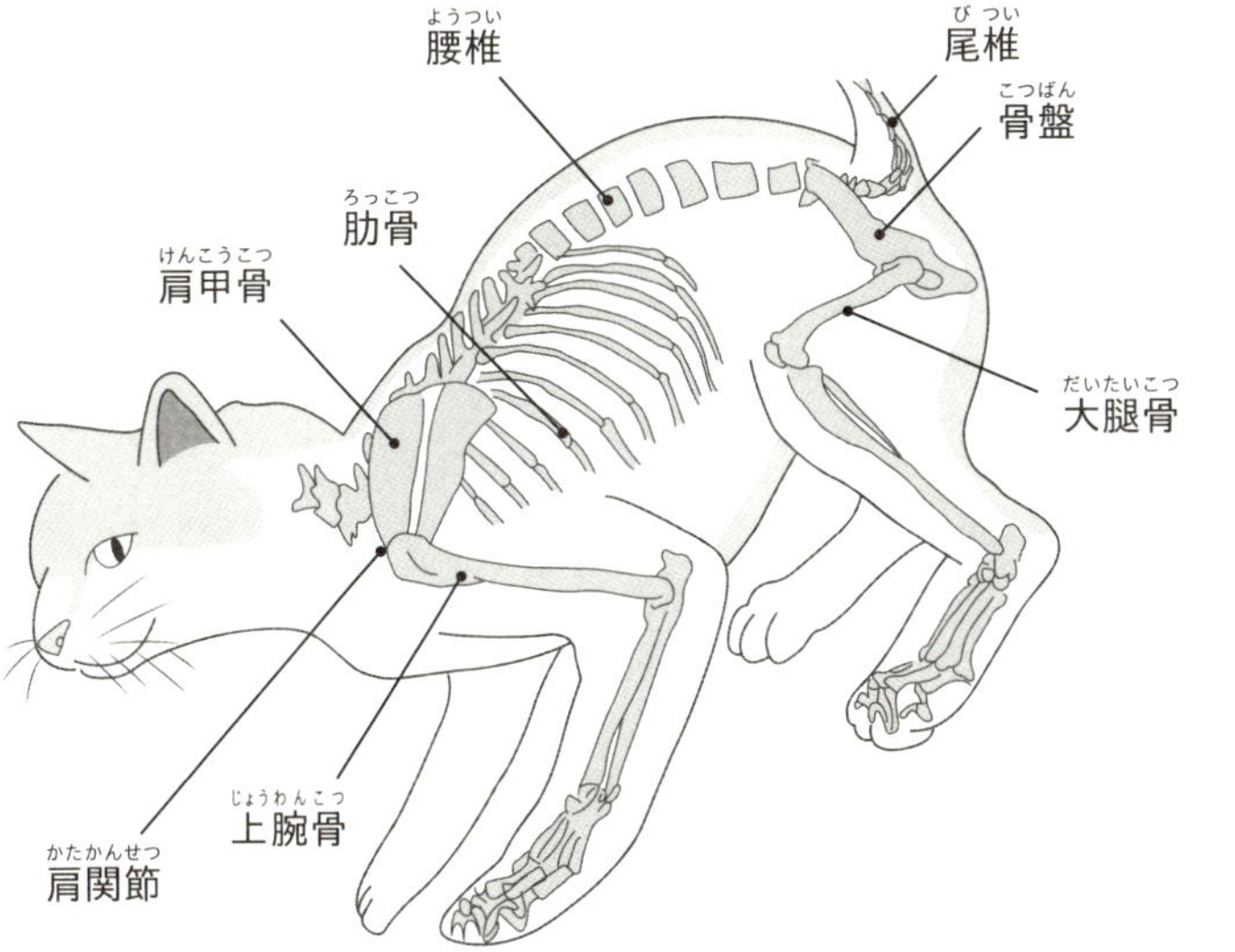

足関節によくある症例

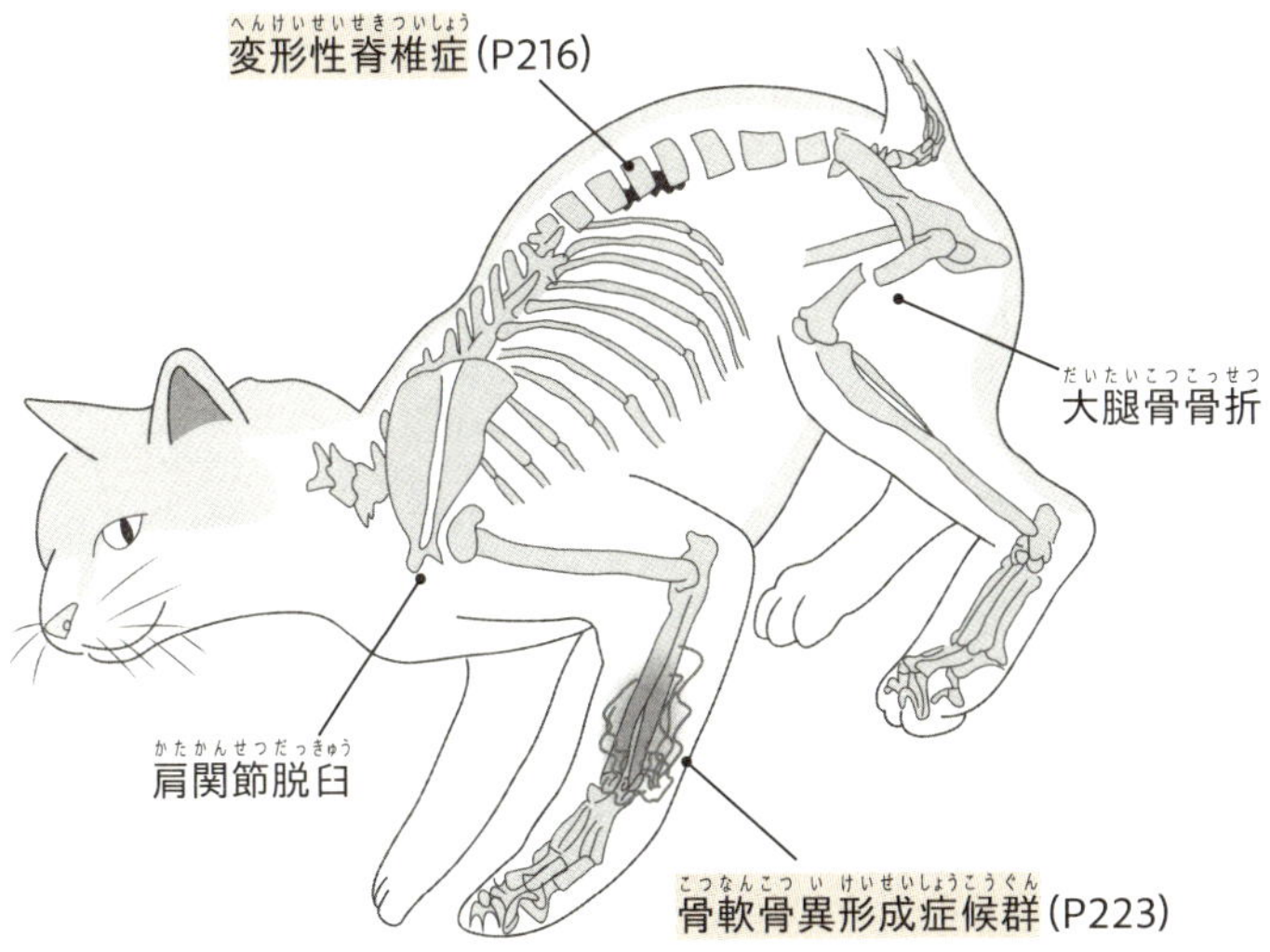

症状
1

急に歩き方が変になった、片足をつかない、すぐ転ぶ、歩けない

猫ちゃんに、このような症状が〝急に〟あらわれたときは、骨折や股関節の脱臼《だっきゅう》が起こったのかもしれません。また、**膝蓋骨脱臼**《しつがいこつだっきゅう》（P222）や**関節炎**《かんせつえん》（P226）の急性期、捻挫《ねんざ》などによっても、同じような症状が見られます。

猫ちゃんは普通、2メートルぐらいの高さから飛び降りても、骨が折れたり、脱臼したりすることはありません。しかし、どこかに足がはさまったり、飛び降りた先で滑ったり、何かしらのハプニングがあると、骨折や脱臼を起こすことがあります。

骨折や脱臼の診断は、レントゲンを撮れば一目瞭然ですが、手術が必要なのか、必要な場合、どのような手術が最適なのかなどの判断は、年に数例しか骨折や脱臼の治療をしていない獣医の場合は、なかなか難しいと私は考えています。手術を行い、そのときは治療がうまくいっても、数年後、実は骨が少しずれていて、再度手術が必要になってしまったというケースもあります。そこで、骨折の手術が必要となりそうな場合は、動物病院から

の紹介がないと通えないようないわゆる「二次病院（大学病院など設備が整った病院）」などの大きな病院で診断してもらい、手術を受けることをおすすめしています。

普段通っている動物病院の先生に、「大きな病院で診てもらいたいので紹介してください」と相談してみましょう。大都市には、二次病院と呼ばれる大きな病院が存在しますが、もし、地方在住で、近くに大きな病院がない場合は、骨折や脱臼している患部を安静に保った上で、新幹線などを利用して都市部の大きな病院に行くという選択肢も、私はアリだと思います。また最近では普通の病院に二次病院などの先生を呼んで手術をやってもらっている病院もあります。ホームページやSNSで告知していることが多いのでそういったサービスを利用するのも良いですね。

症状 2
急に片足をつかない、歩き方が変になった

急に猫ちゃんが片足をつかなくなったり、歩き方が変になったりしたケースで、レントゲンを撮影しても、骨折でも、脱臼でもないことがあります。このような場合、獣医は足

の裏をチェックします。すると、ガラスの破片が刺さっていたり、爪が折れていたり、単なるけがだったということがよくあります。

猫ちゃんの場合、爪が折れたことで歩き方が変になるケースは多いですね。実はこの話は新人獣医のあるある話でレントゲンを撮る必要なかったよね、決めつけないでまずは触診しようね、って教訓になることがあります。実際の診察では足が痛いという症状で病院に来たとき「関節や骨なのかな？　爪かな？　肉球かな？」と考えながら診察します。

症状 3

昔と比べて歩き方が変になった、高いところに上がらない、関節が曲がらない

症状3にあげたような症状が、突然ではなく、言われてみれば昔より気になるかも……といった場合、**変形性関節症《へんけいせいかんせつしょう》**（P216）かもしれません。症状としては、関節を使っているとクッションの役割をしている「軟骨」が壊れることがあり、壊れた箇所は治るときに〝かさぶた〟のようなものができてかたくなります。それを繰り返していくうちに、軟骨がかたくなってクッション性がなくなってしまうと、痛みが生じるようになります。し

かも、一度悪くなった軟骨は元には戻りません。

　変形性関節症の関節をレントゲンで撮ると、トゲトゲした突起があるのがわかります。このトゲトゲは、壊れた軟骨に〝かさぶた〟のようなものができ、かたまったときに生まれます。

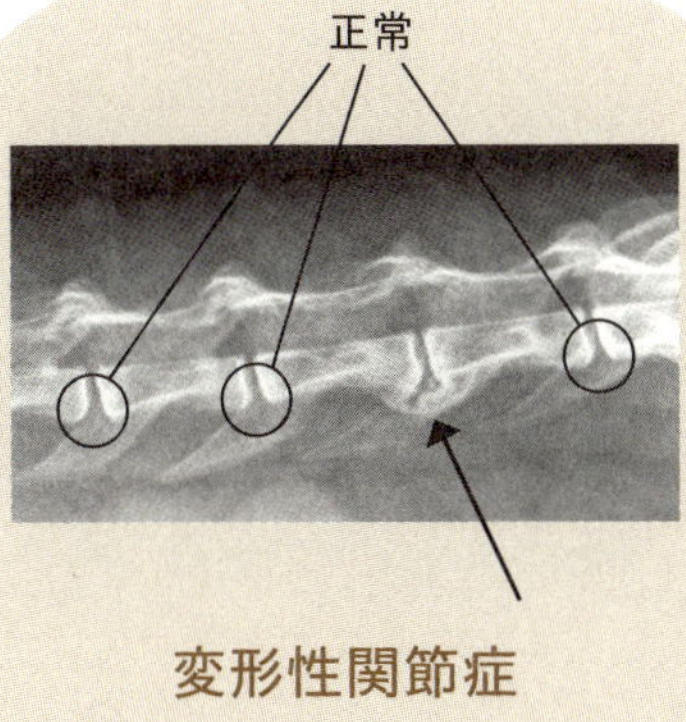

壊れた軟骨にかさぶた
様のものができている。

実は、12歳以上の猫ちゃんのうち、90％以上が変形性関節症だというデータがあります。しかし、猫ちゃんは、痛みがあることを隠そうとするため、飼い主さんはなかなか気づきません。歩き方が変になった、高いところに上がらなくなったなどの症状のほかに、次のような症状が見られたら、変形性関節症かもしれませんので、ぜひチェックしてみてください。

●問題なくジャンプできますか？
　昔はぴょんぴょん跳んでいたのがヨイショ……って感じじゃないですか？
●最近、寝る時間が増えていませんか？
●ダッシュしていますか？
●爪はシャキーンと研がれていますか？　太い爪があったりしませんか？
●毛はつやつやですか？　昔よりフケが出てきていませんか？
●トイレは問題なくできますか？　粗相したことがない子が粗相しませんか？
●遊びますか？

これらの症状に当てはまる項目が多ければ多いほど状態が良くないのは明らかなので、一度動物病院で診てもらいましょう。もし、変形性関節症と診断された場合、先ほどお話ししたように、一度悪くなった軟骨は元には戻らないため、人と同じように痛みとつき合っていくことになります。しかし、しっかりコントロールしてあげるとびっくりするくらい動きが変わる猫ちゃんもいます。痛みがひどい場合は最初は痛み止めの薬を使って症状を和らげることもあります。痛み止めの薬には、大きく分けて「炎症を止める薬」と「痛みの神経をブロックする薬」の２種類があります。

薬によっては、副作用として**腎臓病**《じんぞうびょう》（Ｐ２２１）を悪化させたり、胃腸に負担がかかったりするものがあるため、複数の薬を組み合わせながら、なるべく痛みを和らげるようにします。また、痛みを抑制するのに役立つといわれているサプリメントがあったり、猫ちゃん向けのマッサージや温度療法、レーザー治療、運動療法などがあったりします。これらを組み合わせて治療を行うことで、また元気に歩けるようになったり、活動性が上がったりします。飼い主さんが変形性関節症に気づき、適切な治療を行うことで、猫ちゃんはずっと痛みを我慢していた生活から解放され、ＱＯＬを大幅に高めることができるのです。

症状 4

関節がボコボコしている

これは、**骨軟骨異形成症候群**《こつなんこついけいせいしょうこうぐん》（Ｐ２２３）といって、主にスコティッシュフォールドに見られる遺伝性の病気で、程度の差はあれど１００％この病気にかかっているといわれています。スコティッシュフォールドは、お耳がペチャンと折れていて、とてもかわいらしいですが、お耳は軟骨でできていてその軟骨だけクシュッてすることはできません。手や足やしっぽの関節も軟骨でできています。この軟骨が、コブができるようにボコボコと変形してしまう病気が骨軟骨異形成症候群です。現在の医学では治すことはできないので症状を和らげてあげる治療になっていきます。また、猫ちゃんでは珍しい病気ですが、**リウマチ**（Ｐ２１５）によっても、関節が炎症してボコボコと変形することがあります。リウマチとは、自分の免疫細胞が、自分の身体の中にある関節を異物だと勘違いし、攻撃することで炎症が起こる病気です。この病気は今の獣医学では進行を遅らせることしかできません。装具と呼ばれるサポーターをつけて、サポートが必要な場合もあります。

Chapter

9

しっぽ

猫のしっぽについて

猫のしっぽは、触ると怒られる、猫の身体の中でトップクラスの「触るな」ゾーンであることは猫好きの人なら知っている人も多いと思います。しっぽは猫ちゃんにとって、とても大切な場所だから怒るわけですね。しっぽは感情を表現したり、バランスを取ったりするのに欠かせないもの。また、しっぽは脊髄《せきずい》に直結していて、痛みを感じやすい場所でもあります。

病気とは関係ないですが猫と長く暮らしていると猫のしっぽ語が理解できますよね。しっぽがちらちら動いていたら、「イライラしてる」、夜、仕事から家に帰ってきたときにしっぽピーンでお迎えに来たら「やったー帰ってきた〜待ってたよ〜さみしかった〜」、お皿を落としてガシャーンと大きな音が鳴ってしっぽ爆発「びびったー、何何!?」など。皆さんきっといろいろ頭に浮かぶと思います。

ここでは、猫ちゃんのしっぽに見られる特有の症状を紹介しましょう。

しっぽでわかる猫の感情

フレンドリー

フレンドリー
（スリスリver.）

フレンドリー
（お腹見せver.）

こわい

やんのか
ステップ

こわい
（仰向け）

イライラ
（尻尾ふりふり）

イライラ
（仰向け）

ノーマル

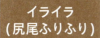

症状
1
しっぽがベトベトしている、ハゲやフケがある

猫ちゃんのしっぽがベトベトしてハゲていたり、フケが出ていたりする場合、もちろん、ノミやアレルギー細菌感染などが原因の皮膚病も考えられますが、猫ちゃんのしっぽ特有の皮膚病がもうひとつあります。それは、**スタッドテイル**（Ｐ２２１）です。猫ちゃんには、しっぽの付け根あたりに皮脂腺《ひしせん》があり、においづけの分泌物が出るようになっています。おそらくフェロモンやマーキングが関係しているのだと思いますが、何らかの原因でこの分泌物がたくさん出ることで、しっぽの毛がベトベト・ギトギトになったり、毛が抜けてジュクジュクしたりすることがあります。スタッドテイルは、去勢をしていない若いオス猫によく見られます。

ベトベトしているぐらいでは、病気ではありませんので、急いで病院に連れて行く必要はありませんが、かいてしまい皮膚がジュクジュクとしているようなら、一度病院で診てもらったほうがいいでしょう。

症状

2

カギしっぽ

「カギしっぽ」とは、途中や先端で折れ曲がっているしっぽのことです。我が家のぶんざえもんもこのカギしっぽなので、一度調べたことがあります。骨はとてもきれいで、しっぽが曲がっているからといって骨折や脱臼などの異常はありませんでした。遺伝によってカギしっぽになる先天性のものと、後天性のものがあります。先天性のものは病気ではありませんので、しっぽを真っ直ぐに伸ばそうとするのは、絶対にやめてくださいね。おそらく、猫ちゃんは痛がると思います。

実は、このカギしっぽは日本の猫ちゃんに多く見られます。海外では珍しいらしく、「幸運のカギ」などと呼ばれています。今一緒にいる猫ちゃんが家に来たことが一番の幸せですがほかにも素敵なことを運んでくれるかもしれませんね。

コラム

猫ちゃんにシャンプーは必要？

僕としては猫ちゃんにシャンプーは不要だと思っています。理由は二つあります。ひとつ目は、グルーミングで自分の身体を清潔に保つことができるから、二つ目は莫大なストレスがかかるからです。猫ちゃんってシャンプーしなくても、とてもきれいでいいにおいですよね。自分でペロペロ体をきれいにしているのです。猫ちゃんにとってシャンプーは地獄であることが多いです。万が一心臓病の子だと亡くなることも。そこまでではなくてもストレスで体調が悪くなることは普通にあります。

ただし猫トリマーさんに聞くと、シャンプーすると毛がフワフワになる、油がいい感じに取れる、などのメリットはあるみたいです。また、季節の変わり目に毛玉で体調が悪くなる子はシャンプーの抜け毛ケアで、体調が悪くなることが減ることもあると言っていました。シャンプーは猫ちゃんの体調が万全なときにしましょう。また、ある程度定期的に健康チェックをしている猫ちゃんにしてあげましょう。

Chapter

10

肛門

猫の肛門について

猫ちゃんは肛門の病気ってほとんどないんですよね。「肛門腺《こうもんせん》」「肛門嚢《こうもんのう》」といわれる部分の病気が多いです。あまり聞いたことのない器官かもしれませんが、これは人間にはないもので、におい袋ですね。きっとフェロモンが出ているのだと思います。ちなみにここから出てくる汁、分泌物、肛門腺っていうのですがめっっっっちゃくさいです。しかも、かいだことのないにおいで、うんちとは明らかに違います。表現すると、うーーーん、牛乳を拭いた雑巾にピーナッツバターの香ばしさを加えたような……。もしうまい表現が思いついた方はぜひコメント欄のほうへ……っと、ここはＹｏｕＴｕｂｅではなかった。

この分泌液は、肛門の下のちょうど4時と8時の位置に、「肛門嚢」という袋があって、そこに溜まるようになっています。通常は、うんちと一緒に排出されますが、猫ちゃんの爪を切ろうとして猫ちゃんを抱えた際などに、逃げ出そうとすごく力んだときに、分泌液をまき散らしてしまうことがあります。そうするとものすごくくさいので、飼い主さんは「何だこのにおいは⁉　病気かな？」と言って、病院に連れてくることがあります。安心してください、病気ではありません。ここでは、肛門嚢を中心に、肛門まわりの症状についてご紹介します。

猫の肛門の構造図

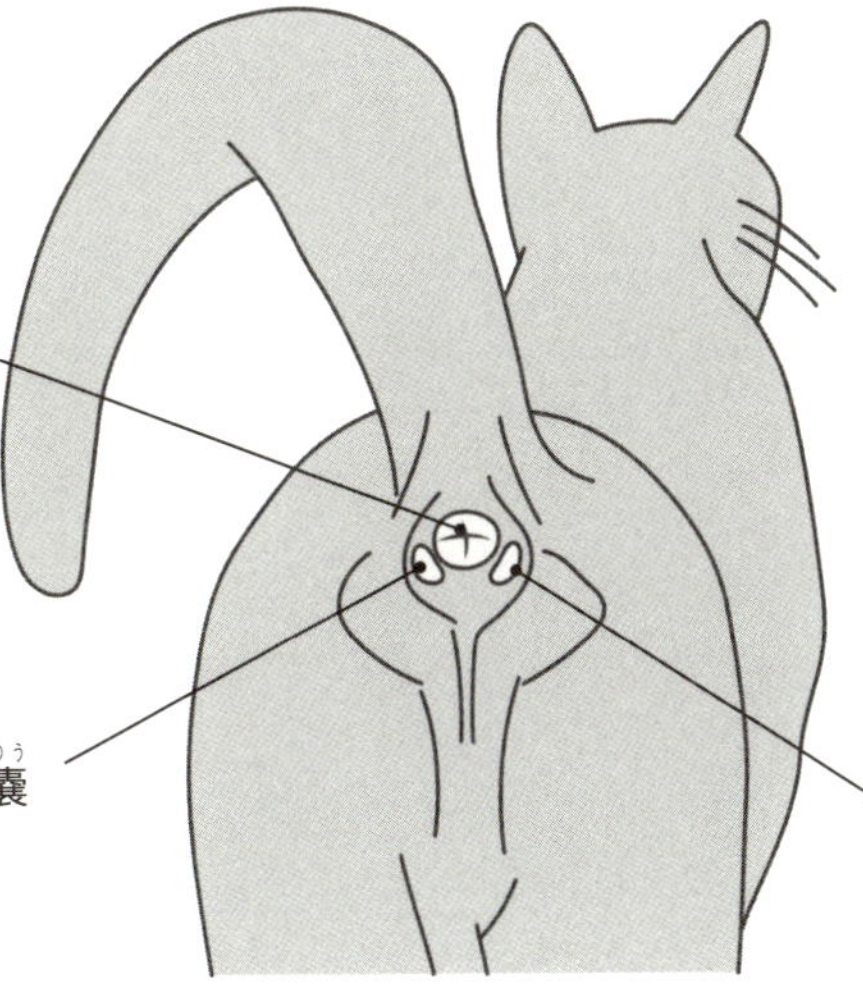

肛門《こうもん》
左肛門嚢《ひだりこうもんのう》
右肛門嚢《みぎこうもんのう》

症状

1

お尻歩き、お尻をしきりになめる

猫ちゃんがお尻を床につけ、スリスリしながら歩いている姿を、目にしたことはありますか？　これは、「お尻歩き」といって、肛門付近にある肛門嚢に、肛門腺からの分泌液が溜まっているサインかも知れません。またはお尻まわりがかゆい、うんちの切れが悪いなどの理由からですね。肛門から分泌される非常にくさい分泌液は、通常はうんちと一緒に排出されるのですが、なぜか肛門嚢にパンパンに溜まってしまうことがあります。そうすると、猫ちゃんは違和感を感じてお尻歩きをしたり、お尻をしきりになめたりします。

分泌液が溜まりやすい子は、私の感覚では太っている猫ちゃんです。肛門嚢は飼い主さん自身でもしぼって、溜まった分泌液を出すことはできますが、難しいです。新人獣医の最初の試練だったりします。お尻歩きをしょっちゅうする場合は動物病院でしぼってもらいましょう。1年や数ヵ月に1回くらいならそこまで気にしなくてもよいかもしれません。

症状

2

お尻に血がついている

この症状でまず疑うのが**肛《こう》門《もん》嚢《のう》破《は》裂《れつ》**（P224）です。この病気、かなり痛いです。命にかかわることはほとんどないですが、ほんとに痛そうなのです。原因は不明ですが肛門嚢が炎症を起こし、肛門嚢破裂を引き起こすようです。肛門腺の分泌液が溜まりすぎたからなるのかは不明です。関係はあるかもしれないのですが、1年に数回しかこの症状の猫ちゃんを診ません。肛門嚢が破裂すると、お尻から血が出るので飼い主さんはお尻に血がついている、と病院に連れてきます。肛門嚢破裂は、抗生剤や炎症止めで治療すれば治るので、なるべく早く動物病院に連れて行ってあげましょう。

肛門嚢がいきなり破裂することはなく、先に炎症が起こって破裂します。猫ちゃんが、肛門をなめたり、お尻歩きをしたりして、お尻を気にしているようなときはそのまま放置せずに、一度動物病院で診てもらったほうがいいでしょう。

症状

3

お尻に赤いできものがある

これも症状2で説明した肛門嚢破裂《こうもんのうはれつ》（Ｐ２２４）が原因の場合があります。破裂したところはお肉が丸見えになるので「できもの」って言う方もいます。また、本当にごくごくまれに、肛門嚢《こうもんのう》アポクリン腺癌《せんがん》（Ｐ２２４）ということもあります。ただし、皮膚や皮下の腫瘍の0.2％と、非常にめずらしい癌ですので、私はこれまでに一度も目にしたことがありません。この肛門嚢アポクリン腺癌は、抗癌剤があまり効かない、非常に悪性度の強い癌です。

Chapter
11
皮膚

猫の皮膚について

猫ちゃんの皮膚は美しい毛に覆われていて、なでるとサラサラとした毛並みで気持ちがいいですよね。ところが、何らかの病気にかかってしまうと、頻繁に同じところをかいたり、なめたり、毛の一部がハゲてしまったりすることがあります。こうした、「かく」「なめる」「ハゲる（脱毛）」症状の原因は、ノミなどの寄生虫やカビ、アレルギーなどの皮膚疾患をはじめ、ストレス、内分泌系疾患、腫瘍、皮膚に痛みを引き起こす別の病気など、さまざまな原因が考えられます。

ひと昔前までは、猫ちゃんに皮膚の病気があると、とりあえずステロイドを使うのが一般的でした。ステロイドとは炎症を抑える薬で、よく効く良いお薬なのですが副作用がけっこう強いです。猫ちゃんが服用しても人間ほどは副作用が出ませんのでよく使っていました。短期間の使用では問題ないことが多いですが、いくらステロイドに強い猫ちゃんといえども長期にわたって使用すると肝臓や腎臓に負荷がかかったり、血糖値が上がって**糖《とう》尿病《にょうびょう》**（P220）になったりする心配があります。そのため最近では、「ステロイドは、むやみやたらと使わない」という考え方に変わってきています。

猫ちゃんに「ハゲる（脱毛）」や、頻繁に同じところを「かく」「なめる」といった症状が見られたら、一度、動物病院を訪れて、何が原因かを診てもらうようにしましょう。

症状

1

ハゲる（脱毛）

季節の変わり目の毛が生え変わる時期には、猫ちゃんの毛がたくさん抜けることがありますが、ある一部分だけ毛が抜けて、地肌が見えてしまっているときは、何らかの病気かもしれません。普段、身体の一部分の毛がハゲることがなかった猫ちゃんに、脱毛している箇所が見つかったら、一度、動物病院に連れて行くようにしましょう。

猫ちゃんに脱毛の症状が見られる原因としては、皮膚疾患やストレス、痛み（何か別の病気がある）、内分泌疾患、毛刈り後脱毛、首輪などがあります。それぞれ詳しくみていきましょう。

皮膚疾患とは、アレルギーや細菌感染、カビが原因の**皮《ひ》膚《ふ》糸《し》状《じょう》菌《きん》症《しょう》**（P217）、虫刺されや免疫の病気などのことで、これらによってかゆみが生じ、猫ちゃんがよくかいたり、なめたりするうちに、その部分の毛が抜けてしまうことがあります。**舐《し》性《せい》皮《ひ》膚《ふ》炎《えん》**（P222）といって猫ちゃんがなめて炎症が起きてしまっている場合もあります。

もうひとつは、「ストレス」です。私たち人間も、強いストレスがかかると10円玉や500円玉のような円形脱毛ができることがあるといわれますが、猫ちゃんもストレスで脱毛することがあります。

「毛刈り後脱毛」とは、動物病院でエコーなどの検査や手術を受けるために、周囲の毛を刈った後、毛が生えてこなくなってしまう症状です。まれですが起こることがあります。しばらくして生えてくることもあれば、ずっと生えてこないこともあります。また、首輪が原因になることもあります。首輪に限らず、何かをずっと身につけていると、それが原因で脱毛してしまうことがあります。

症状 2 左右対称に脱毛している

脱毛の症状でひとつ特徴的なのが、左右対称の脱毛です。この場合は、**甲状腺《こうじょうせん》機能《きのう》低下《ていか》症《しょう》**（P224）や**クッシング症候群《しょうこうぐん》**（P225）という、ホルモンの病気が考えられます（猫ではめずらしい）。ホルモンは全身に関係してきますので、身体の一部分ではなく、左

右対称に脱毛が見られることが多いです。

もちろん普通に皮膚疾患の可能性もありますが、大きな違いはホルモンに関する病気のため、かゆくないという点が特徴です。そのため、猫ちゃんが身体を頻繁にかいてはいないけれど、左右対称の脱毛が見られる場合は、これらの症状かもしれません。その際は、動物病院で検査を受けるようにしましょう。

症状 3 よくなめる・かく

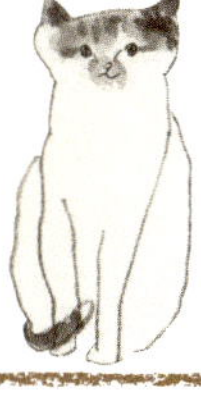

猫ちゃんはきれい好きで、しょっちゅう身体をなめて毛づくろいをしていますよね。また、後ろ足で身体をかくこともあります。たまになら問題ないですが、身体の一部分を1日に何回もなめたり、かいたりしているときは、要注意です。猫ちゃんがかいているときの原因は、「かゆい」「痛い」「ストレス」「かまってほしい」の四つが考えられます。

ひとつ目の「かゆい」ですが、猫ちゃんがしきりにかいたり、なめたりしている場所を確認したとき、赤いブツブツができていたり、腫れや傷があったり、毛が抜けたりしていたら、皮膚病が原因かもしれません。動物病院を受診するようにしましょう。

二つ目は、意外かもしれませんが、「痛み」が原因の場合もあります。猫ちゃんは痛みが気になって、「なんだこの痛みは！」「何かついているんじゃないか」と、その場所をペロペロと執拗《しつよう》になめたり、かいたりするのです。私たち獣医は、飼い主さんから「同じ場所をなめたり、かいたりしている」と聞いたときは、何か傷がないかな、痛みを引き起こす病気があるんじゃないかなと疑うこともあります。お腹をよくなめていたら膀胱《ぼうこう》に結石《けっせき》ができていた、顔をよくかくと思ったら**歯周病《ししゅうびょう》**（Ｐ２２２）になっていたといったケースがあります。

三つ目の「ストレス」ですが、割合としてはそれほど多くはないといわれていますが、「ストレス」が原因で身体をかきむしって毛が抜けたり、傷ができたりすることがあります。ストレスを引き起こすのは、たとえば、飼い主さんが留守にしがちであるとか、お気に入りのベッドが捨てられたとか、お父さんが酔っ払ってからんでくるとか、引っ越しで環境が変わったなど、さまざまです。動物病院で病気などの異常が見つからない場合は、ストレスも疑ってみましょう。

四つ目の「かまってほしい」ですが、猫ちゃんが身体の同じところを何度もかいたり、なめたりしているときに、「ダメ！」と叱ったり、止めたりしていませんか？　このとき猫ちゃんは、「何度もかいているから怒られたんだ」とは思いません。「よくなめていたら、飼い主さんが声をかけてくれた！　寂しいからまたなめてみようかな」と思うのです。

　薬を使ってかゆみを止めたのに、猫ちゃんがまだかいたり、なめたりしているときは、この「かまってほしい」が原因かもしれません。

症状 4

腰のあたりをよくかく

　身体をかく症状の中で、猫ちゃんがしきりに腰のあたりをかいていたら、**ノミアレルギー性《せい》皮《ひ》膚《ふ》炎《えん》**（Ｐ218）かもしれません。ノミは、体に1匹いるだけでもかゆくなる可能性があり、なかでも腰のあたりがかゆくなることが多いです。ノミは猫ちゃんの腰が好きらしいです。以前に、飼い主さんが「うちの子は腰のあたりをすごくなめるんです。出血しているんです」と猫ちゃんを連れてこられて、腰のあたりの毛をめくってみたら、ノミが大量に発生していました。そのとき、思わず「わっ!!」と飼い主さんの前で驚いてしまい、

気まずい空気になったのを覚えています（苦笑）。ただし、猫ちゃんの皮膚病は見た目や発生場所であまり区別がつかないといわれています。腰がかゆい＝ノミとは決めつけないでください。

猫ちゃんのアレルギーは、ノミアレルギー性皮膚炎のほかにもう2種類あって、ひとつが**食餌性《しょくじせい》アレルギー**（P222）です。食餌性アレルギーでは、顔がかゆくなることが若干多いです。そして最後が**非《ひ》ノミ非《ひ》食餌性《しょくじせい》アレルギー**（P217）です。これはその名のとおり、原因がノミでも食物でもないアレルギーです。原因ははっきりとはわかりませんが、ホコリやハウスダストなども考えられます。

猫ちゃんの食餌性アレルギーで、原因を特定するのは、簡単ではありません。人間の場合、血液検査やパッチテストなどの方法がありますが、猫ちゃんの場合はまず検査を行い、その結果によってアレルゲンと疑われる食材が入っていないご飯を2週間から1ヵ月与えてみます。そこでアレルギー反応が改善してもここで終わりではありません。もう一度アレルゲンと思われるご飯をあげてみて症状が出たら、初めてその食材に対してアレルギーがあると診断されます。

ただ、最後のアレルゲンと疑われる食材をあげるまでやる飼い主さんは少ないです。ちなみにこの期間、おやつは基本的にＮＧです。グルメな猫ちゃんのことを考えるとなかなか難しいですね。そのためアレルギーの原因は特定せず、薬を使って対処する治療をしている猫ちゃんもいます。

症状 5
高齢になってから皮膚病になった

若いときは皮膚病になったことがなかった猫ちゃんが、高齢になって急に、脱毛や赤いブツブツ、できもの、出血などの症状が皮膚にあらわれた場合、腫瘍が原因かもしれません。腫瘍には、**リンパ腫《しゅ》**（Ｐ２１５）、**肥《ひ》満《まん》細《さい》胞《ぼう》腫《しゅ》**（Ｐ２１７）、**扁《へん》平《ぺい》上《じょう》皮《ひ》癌《がん》**（Ｐ２１６）などがあります。脱毛や赤いブツブツなどの症状は、見た目だけでは腫瘍が原因なのか、虫刺されやノミアレルギーが原因なのか、判断することはできません。ですから、脱毛や皮膚病もあなどることなく、一度は動物病院で診てもらいましょう。

症状 6
フケが出る

普段、猫ちゃんのフケを見たことがある飼い主さんは、ほとんどいないのではないでしょうか? 猫ちゃんはとてもきれい好きで、自分の身体をペロペロとなめて（グルーミング）、毛づくろいをして全身を清潔に保っています。そんな猫ちゃんにフケが見られたら、身体のどこかが悪いのかもしれません。ちなみに、ブラッシングしたときに、白い粉のようなものが少し出るくらいでしたら、心配はいりません。ブラッシングしていないのに、白い粉をふいたようになっていたら、一度、獣医さんに診てもらいましょう。

フケが出る原因ですが、私は皮膚病よりも、「関節痛」や「太りすぎ」「ご飯が合ってない」「ストレス」「老齢」などが多いと感じています。

「関節痛」についてですが、関節や腰が痛い猫ちゃんは、全身をくまなくグルーミングできません。そのため、身体に白い粉をふいたようにフケが溜まってしまいます。「老齢」も同じ理由で、12歳を超える猫ちゃんは、約9割が関節痛持ちだといわれていて痛みのため思うようにグルーミングができなくなります。

「太りすぎ」については、関節痛と同じくグルーミングがしにくくなるのと、身体の末端に栄養が行きづらくなることで、フケが出やすくなるのだと思われます。皮膚は末端の組織で、私もお酒をたくさん飲むとすぐにお肌の状態が悪くなってしまいますが、とても敏感で全身の影響をよく受けます。太りすぎで血流や体内のバランスが悪くなることで、フケが出やすくなると考えられます。

「ご飯が合っていない」「ストレス」によっても、皮膚の状態が悪くなり、フケが多く出ることがあります。フケは、ある日突然、たくさん出るということはありません。よくフケが出るなと思ったら、一度は動物病院を受診したほうがいいでしょう。

症状 7

皮膚や粘膜が黄色い

猫ちゃんの唇や歯茎の粘膜、耳の皮膚、目などが黄色い場合、「黄疸《おうだん》」が疑われます。けっして、みかんの食べすぎではありません！「黄疸」は、「肝臓がほとんど機能していな

い」か、**胆嚢炎《たんのうえん》**（Ｐ２２１）などにより胆管《たんかん》がつまって胆汁《たんじゅう》が流れていないか、**免疫介在性《めんえきかいざいせい》****溶血性貧血《ようけつせいひんけつ》**（Ｐ２１５）などの病気で赤血球が大量に壊れているか、いずれにしても、とても危険な状態である可能性が高いので、一刻も早く動物病院に連れていきましょう。また、**肝《かん》リピドーシス**（Ｐ２２６）の可能性もあります。これも命にかかわる症状です。

難しい病名をいろいろあげてしまいましたが、「黄疸」が起こる原因は、「ビリルビン」という色素が血液中に増えることです。では、「ビリルビン」とは何かといえば、赤血球を分解することでできる、いわば赤血球のカスです。そのカスが肝臓で分解されて胆嚢《たんのう》に溜められ、胆汁として腸に排出されます。うんちが黄色や茶色っぽい色をしているのは、このビリルビンの色なのです。

「肝臓がほとんど機能していない」状態になると、赤血球のカスが分解されず、血液中に黄色い成分であるビリルビンがあふれてしまいます。「胆管がつまったり」「赤血球が大量に壊れたり」しても、同じく血液中にビリルビンが多くなり、黄疸が起こります。

猫ちゃんが、なんか食欲がない、吐いてしまって元気がない、病院へ行こうか迷うな、といった場合、唇や歯茎の粘膜、耳などの皮膚、目の色をチェックしてみましょう。

そのとき黄色く変化していたら、様子を見ることなく、すぐに動物病院に連れて行きましょう。そのためには、普段元気なときに、歯茎の粘膜や皮膚の色をたまにチェックして、正常な色を把握しておくことです。あまり頻繁にチェックすると猫ちゃんに嫌がられますので、注意してくださいね。

ちなみに体調が悪いときに粘膜や皮膚が黄色くなかったら大丈夫、ではないですからね。あくまでやばいよ！　早く病院に連れて行って！　って状態の指標です。

また、脂肪肝《しぼうかん》（肝リピドーシス）って知っていますか？　いわゆるフォアグラですね。あれは食べさせすぎて肝臓に脂肪が溜まった状態です。猫ちゃんはなぜかご飯を食べないと、この脂肪肝になってしまうのです。とくに太った猫が数日食べない、これがとっても危険です。肝リピドーシスになるとビリルビンを肝臓がうまく処理できず黄疸になってしまいます。単なる**胃腸炎**《いちょうえん》（Ｐ２２７）やダイエットでも数日食べないと肝リピドーシスになることもあるので要注意です。これがあるので**猫ちゃんのダイエットで絶食は絶対ＮＧ**です。

症状 8
粘膜が白い

猫ちゃんの唇や歯茎の粘膜、などが先ほどは黄色でしたが、「白い」場合も、迷うことなく動物病院に連れて行きましょう。重度の貧血が起こっている可能性があります。

イメージとして貧血なら猫ちゃんはぐったりして、倒れていると思うかもしれませんが、ほとんど症状がない、なんとなく元気がないだけのときもあります。症状7の粘膜が黄色い場合と同じで、「やばい」の指標にしましょう。

一番色がわかりやすいのが、歯茎の粘膜です。いつもの歯茎の色に比べて白く変色していたら、すぐに受診しましょう。

症状
9
脱毛があり皮膚がカサカサしている

この場合は、**皮膚糸状菌症《ひふしじょうきんしょう》**（P217）というカビが原因の病気にかかっている可能性があります。皮膚糸状菌症では円形の脱毛ができ、皮膚が少しカサカサします。「耳」の項目でもお話ししましたが、人にもうつることがあり、とってもかゆいです!! 人が感染した場合、リングワームと呼ばれる赤い輪っかが皮膚にできることがあります。猫ちゃんは治るまでに数ヵ月かかることもあります。

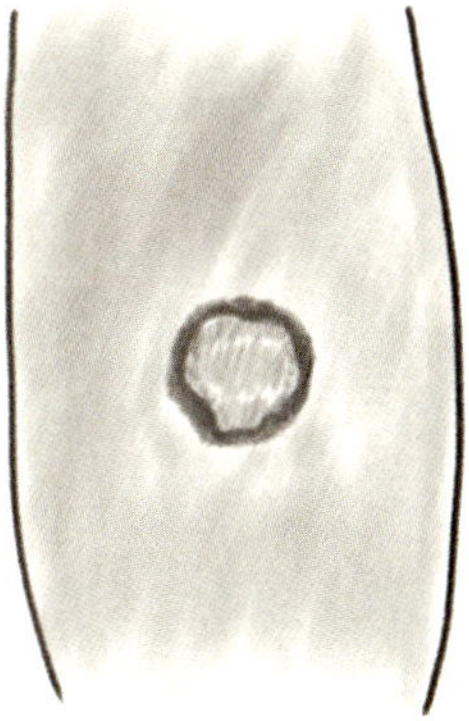

人間の腕にできた
リングワーム

症状
10
あごの下に黒いブツブツがある

あごの下に黒いブツブツができたと、心配される飼い主さんも多いのですが、これは難しい呼び方では座瘡《ざそう》、簡単に言えば「猫のアゴニキビ」です。猫ちゃんにとっては、基本的には痛くもかゆくもないので、あまり気にしなくても大丈夫。ちなみに治すのはけっこう難しいです。いろんなサプリやシートなど出ていますが、あまり効く印象はありません。若いときはあったけれど中年になってきたらなくなる子も多いです。その辺も人のニキビと似ていますね。ただ、悪化すると皮膚がただれて、ジュクジュクした傷になることがあるので、その際は抗生剤による治療が必要です。

Chapter

12

呼吸

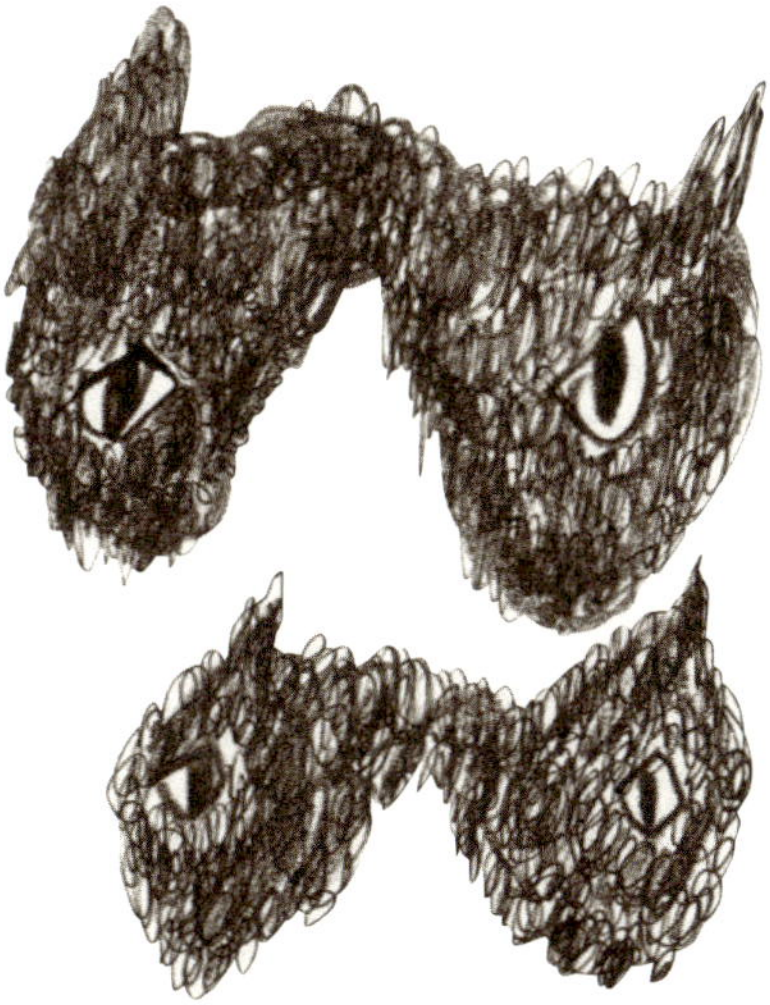

猫の呼吸について

この項目は命にかかわることも多いので、ぜひしっかり覚えておいて猫ちゃんをこわい病気から守ってあげてください。もちろんすべての呼吸器の症状が命に直結するわけではないです。咳やくしゃみにもこわい咳やくしゃみ、大したことないものもあります。

床や壁、柱、家具など、クンクンとにおいをかいでいるときに、たまにホコリなどの異物が鼻に入って、クシュンとくしゃみをしたり、咳をしたりすることがありますが、これは病気ではありません。人間のように気管支《きかんし》が弱い猫や、ぜんそく持ちのように慢性の咳症状がある猫ちゃんもいます。しかしこわい病気のパターンだと**肺水腫**《はいすいしゅ》（P218）、**胸水**《きょうすい》（P225）、**肺腫瘍**《はいしゅよう》（P218）、**肺炎**《はいえん》（P218）など一刻を争います。ぜひ早めに気づき、病院へ連れて行きましょう。

次ページの図をご覧ください。猫ちゃんも私たち人間と同じように、左右あわせて二つの肺があります。その肺に酸素を運び、二酸化炭素を排出している通り道が気管支です。気管支は、図のように枝分かれしているのが特徴です。人間も咳やくしゃみだけで何の病気か特定はできないように、猫ちゃんたちも、咳やくしゃみの症状があるから、この病気だろうと判断することはできません。そこで、それぞれの病気の際によく見られる、主な症状を紹介していきます。

猫の肺の構造図

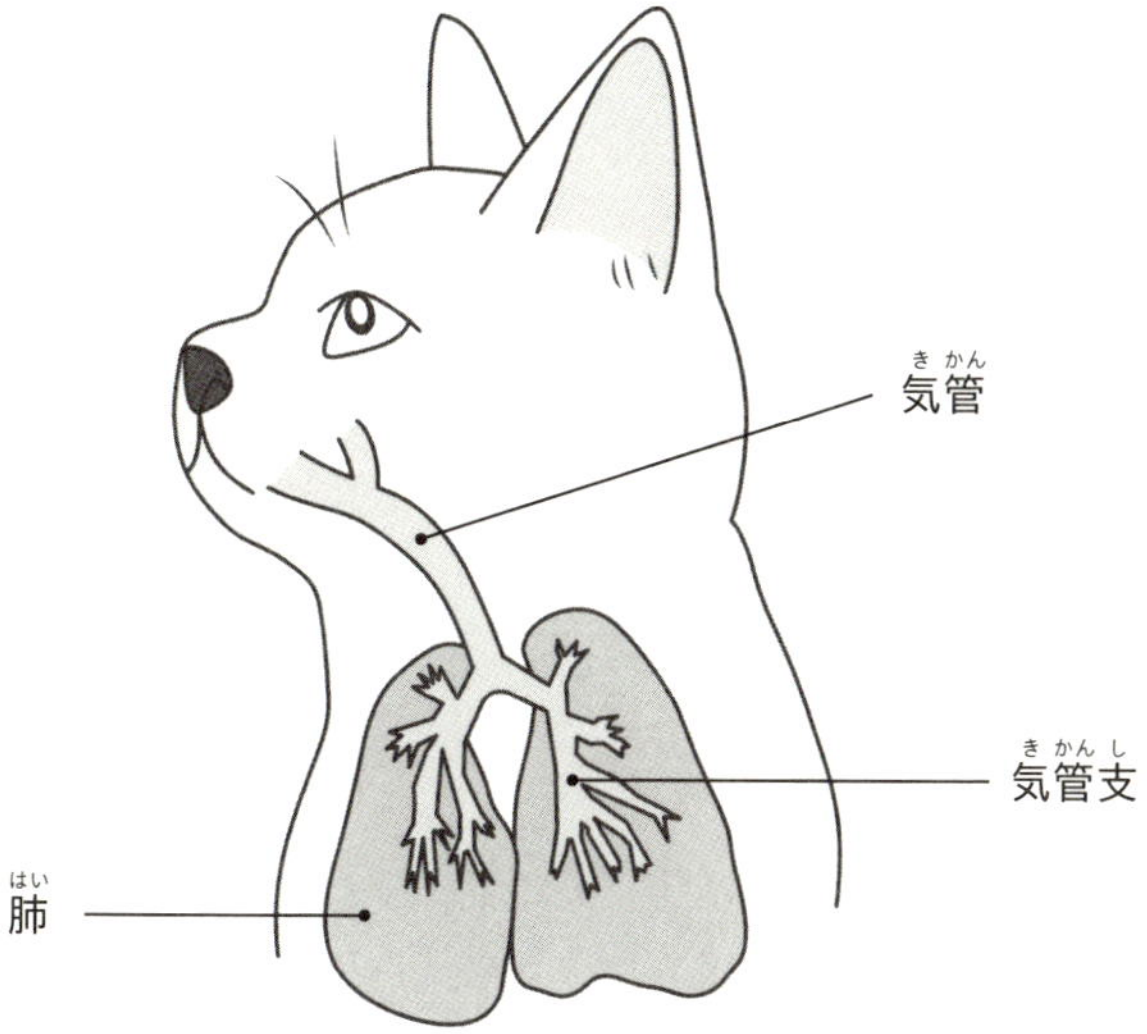

症状 1
呼吸が速い

遊んだ後じゃないのに、お気に入りのベッドでリラックスしているはずなのに、寝ているだけなのに呼吸が速い。**これ、非常にまずいです。**猫ちゃんのSOSサイン出ています。猫ちゃんが苦しいにゃ〜早く助けて、と言ってくれれば楽ですが、これは飼い主さんが気づくしかありません。肺疾患だけで呼吸数が上がるわけではないですが、肺疾患で呼吸が速い場合はかなり重症です。

この状態の猫ちゃんが来た場合は急いで酸素室の用意をしてレントゲン、超音波検査をして、ざっくり病気の特定を行います。

猫ちゃんの状態によっては、検査の途中で呼吸停止してしまうこともあるので迅速で的確な治療が必要になります。え⁉　呼吸が速いだけでここまで大ごと⁉　そう思われたかもしれません。

呼吸が速くてなんとなく元気がない、とのことで病院に連れてきたら肺が真っ白でとんでもない状態、即入院なんてこと、多いです。その子が昨日までご飯を食べていて、いよいよ食べないから連れてきたなんてパターンもあります。猫ちゃんのSOSは気づけないことも多いです。せっかくこの本を手に取っていただいたのでぜひ今度猫ちゃんが体調悪くなって病院に連れて行くかどうか迷ったら、安静時の呼吸回数を測ってください。**60秒で30回までが多くの猫ちゃんの正常な呼吸回数**です。もし60回弱ほど呼吸していたらすぐに病院へ！　60秒数えるのは大変だと思うので10秒数えて6倍すればOKです。10秒で5回なら1分で30回ですね。つまり**10秒だと6回以上から危険ゾーンです。**

症状 2
連続で何度も咳をする

猫ちゃんが、何度も咳をするときは、**猫風邪《ねこかぜ》**（P219）や**肺炎《はいえん》**（P218）のほかに、気管支疾患が疑われます。気管支の病気には、**猫《ねこ》ぜんそく**（P219）、**慢性気管支炎《まんせいきかんしえん》**（P216）があります。主な症状は咳です。連続性の咳が起こることもあり、めっちゃ咳をします。けっこう苦しそうです。

猫ちゃんが苦しそうに咳をしているとき、スマホで咳の様子を動画で撮影してみてください。獣医的には動画があると情報が多く、とても助かります。飼い主さんは咳だというけれど、これはくしゃみだねー、逆に飼い主さんはくしゃみだというけど、これは咳だねー、ということがけっこうあり、そんなときに動画があると、判断しやすくなります。

気管支疾患も一度悪くすると、なかなか完治するのは難しい病気です。なぜなら、気管支という器官は、軟骨でできているからです。私たち人間の場合、高齢になって膝に痛みが出る原因のひとつとして、膝軟骨がすり減ることがあります。すり減った軟骨は元には戻りません。猫ちゃんの気管支も、悪化すると軟骨である気管支がボソボソになり、咳が起こりやすくなります。そのため、定期的な投薬でコントロールしてあげましょう。

症状 3

咳のほかに目立った症状がない、というか咳すらしない

僕は「元気な**肺腫瘍**《はいしゅよう》（Ｐ２１８）」という言葉を使っていまして、肺腫瘍はほとんど症状がなく、症状が出るころには、かなり進行しています。そのため、年に1回は健康診断

を受け、レントゲンやエコーによる検査を行い、早期に発見することが望ましいです。

このほか、気づきにくい肺の病気で、**腹膜心膜横隔膜**《ふくまくしんまくおうかくまく》**ヘルニア**（Ｐ２１６）があります。横隔膜とは、胸とお腹を分けている膜で、焼き肉で言えばハラミのことですね。

この横隔膜に生まれつき穴が開いている猫ちゃんがいて、お腹の臓器が胸のほうにはみ出すことで、肺を圧迫して咳などの症状が出ることがあります。穴が開いていてもまったく症状がない子もいます。仔猫のとき去勢手術を受ける際に麻酔をかけますが、腹膜心膜横隔膜ヘルニアがあると、その麻酔で亡くなってしまう危険性があります。そのため、手術前には必ずレントゲンを撮り、腹膜心膜横隔膜ヘルニアがないか確認します。

症状 4

口で「ハァハァ」と呼吸している

これもかなり危険です。運動もしていないのに口でハァハァと苦しそうに息をする場合は、猫ちゃんがとっても苦しい、助けて、と言っているサインで、**肺水腫**《はいすいしゅ》（Ｐ２１８）、**胸水**《きょうすい》（Ｐ２２５）、**肺炎**《はいえん》（Ｐ２１８）などの心配があります。肺水腫はとても苦しいので、鼻

をピクピクさせる「鼻翼呼吸《びよくこきゅう》」をしたり、鼻をふくらませて呼吸したり、口でハァハァと呼吸したりします。すぐに動物病院に行きましょう。

鼻をピクピクさせる呼吸がどんなものかよくわからないという方は、よかったら一度、動画サイト（YouTubeなど）で「猫 鼻翼呼吸」と検索してみてください。一度症状を見ておけば、いざというときに役立つはずです。動画を見ると、大したことなさそうに見えますがこの状態の子は翌日まで様子見していると亡くなる可能性も大いにあります。

高齢の猫ちゃんが、最近よく咳をするようになり、横になって寝ないときや、ピンク色の鼻水や嘔吐があるときなども、肺水腫の心配があります。

症状

5

アロマオイルを使うと、猫が咳をする

猫ちゃんの呼吸器や鼻に悪影響を与えるものには、「ホコリ」や「香水」「揮発性の化学物質」「タバコ」などがあります。揮発性の化学物質とは、アロマオイルや芳香剤、消臭剤などです。においとは、目に見えない小さな化学物質を鼻の中でキャッチすることで感じ

るものです。香水やアロマオイルなどの揮発性化学物質は猫ちゃんにとってストレスになることもありますし、鼻炎《びえん》（P217）やアレルギーを誘発するかもしれませんので、なるべくやめたほうが安心です。

なかでも、**ユリは葉を1枚食べたり、花瓶の水を飲んだりしただけでも、猫ちゃんが死んでしまう危険性があります。**ユリの花を生けたり、ユリの成分を集めたアロマオイルや芳香剤などを使わないようにしましょう。

診察で飼い主さんに、お家の中はきれいですか？　とはなかなか聞けないのですが（苦笑）、ホコリが多い環境も、呼吸器や鼻にはよくありません。室内は清潔に保ち、適度な湿度を保つよう加湿してあげましょう。久しぶりにエアコンをつけたときも、中から出てくるホコリなどによって、咳やくしゃみが起こることがありますので、きれいに掃除してから使うようにしましょう。

コラム

命が危険な呼吸

猫ちゃんの危険な呼吸は、人間のようにわかりやすくなく、とてもわかりにくいです。次の症状が見られたら、命にかかわる即病院レベルの危険なサインと覚えておきましょう。

①呼吸数：1分間に約60回（48回でけっこう早い、通常30回までです）

②努力呼吸：全身で呼吸、お腹がべこべこするような呼吸、肩で呼吸している感じ

③鼻翼呼吸：鼻がピクピクする呼吸

④パンティング：口でハァハァする呼吸

ここで注意するのは、た〜くさん遊んだ後や、病院に行って「マジで殺される」と思うくらい緊張しているときは①〜④のような呼吸になります。それなので安静時（リラックスしているとき、寝ているとき）の呼吸を知っておくのが大切です。そっと測ってみましょう。測り方はP131で詳しく説明しています。

Chapter
13

ご飯ー食欲不振

猫のご飯──食欲不振について

猫ちゃんの食欲不振って気づくのが大変な場合も多いです。「ちょっと待って！　うちは猫ちゃんのことしっかり見ています」こんな声が聞こえてきそうですね。次のエピソードは獣医の中ではとってもあるあるです。

動物病院に3年ぶりにいらした飼い主さんが、「うちの子が急に食べなくなって、元気がないんです」とおっしゃいました。そのときの体重を測ってみたら3キロでした。カルテで3年前のその子の体重を見たら4キロ。急に食べなくなって、いきなり1キロもやせることはないので、きっともっと前から体調が悪く食欲不振が続いていたんだろうな、何か慢性的な病気、癌かな……**腎臓病**《じんぞうびょう》（Ｐ２２１）かな……と、重篤な病気の可能性まで考えます。そこまで深刻な症状ではないのでは？　と思われるかもしれませんが、このような例はよくあり、とくに1年に1回以上病院に来てない方に多いです。

ではここで皆さんにクイズです。猫ちゃんの食欲不振って①～③のどれを指すと思いますか。

①おいしいものなら食べる

②ほとんど食べない

③まったく食べない

答えは、「①おいしいものなら食べる」です。**この時点で食欲不振**です。

人間でイメージするとわかりやすいです。皆さん熱が出たときなど、うどんなら食べられる、アイスなら食べられる、ってなりませんか？　猫ちゃんだとそれがマグロのお刺身、ササミのおやつです。何とかカロリーを摂取しようとするわけです。飼い主さんの中には猫ちゃんを病院に連れて行く基準に大好きなおやつも食べないなら病院へ連れて行こう！って方がいます。でもそれでは遅いんです！　そのころには手遅れのパターンも多いです。きっとさっきの体重4キロの猫ちゃんが3キロのパターンです。猫ちゃんの体調の変化は気づきにくいものが多いのでささいな変化も見逃さないようにしましょう。では、そんな猫ちゃんの食欲不振について具体的に見ていきましょう。

ひとつ注意。おやつしか食べないから毎回病気かも!?　って病院に連れて行くのは猫ちゃんまいっちゃいます。この先を読み、まずは病院に電話などで行くべきかどうかを相談してからにしましょう。

症状
1
急に食欲不振になった（幼猫の場合）

幼い猫ちゃんが急に食欲が落ちてご飯を食べない場合、理由は何であれ、低血糖に気をつけないといけません。幼い猫ちゃん、とくに4ヵ月未満の子で、幼ければ幼いほど注意です。低血糖は命にかかわります。放っておくと亡くなってしまいます。処置は簡単で糖を飲ませればいいだけです。ガムシロップでも構いません。血液検査をして低血糖ならガムシロップを飲ませる、ごっくんしなくても粘膜に当たるだけでもＯＫです。必要であれば血管から点滴で入れることもあります。誤解しないでほしいのは「そうか！　猫ちゃんが弱ったときはガムシロップあげればいいのか！」これは違います。血液検査をして低血糖ならガムシロップです。それなので、絶対に飼い主さんの判断だけであげるのはやめてください。

また、覚えておいていただきたいのは、猫ちゃんが幼いころは簡単に命の危機になってしまうことです。病院に連れて行きさえすれば簡単に治ることも多いです。幼いころの食欲不振は様子を見ずに病院へ連れて行ってあげてください。

幼い猫の食欲不振の原因として多いのは、**猫風邪**《ねこかぜ》（P219）や胃腸の寄生虫などの感染症、異物誤飲、生活環境の変化によるストレスなどが考えられます。人間の赤ちゃんや子供と同じで簡単なことで食欲不振、病気になりやすいです。子供のころの猫風邪は重症になりやすく、鼻水グシュグシュ猫ちゃんだとにおいがわからないのでご飯を食べないことも多いです。

症状 2 急に食欲不振になった（成猫〈1～6歳〉の場合）

若い猫ちゃんが急に食欲が落ちて、ご飯を食べなくなってしまう場合は、急性の病気のことが多いです。その中にはとてもこわい病気で緊急手術も必要になる**急性腎障害**《きゅうせいじんしょうがい》（P225）や異物誤飲、経過観察で治ることも多い**胃腸炎**《いちょうえん》（P227）などが考えられます（胃腸炎と自分で判断せず、必ず病院で診断してもらってください）。成猫で若い子、人間でいう20～40代の猫ちゃんには癌や慢性の**腎臓病**《じんぞうびょう》（P221）、**糖尿病**《とうにょうびょう》（P220）など

はあまり考えにくいですね。逆にいうと一気に身体が悪くなってしまう危険な病気の可能性があるわけです。若いから2～3日様子を見ても大丈夫だろうという判断は危険かもしれませんね。それならば食欲不振時は毎回病院行かないとダメなの？　と思われるかもしれせんが、猫ちゃんは気分で食べないことも多いので難しいですよね。

個人的な指標ですが症状が食欲不振だけだとして、朝ご飯をまったく食べない、仕事から帰ってきてご飯あげたけれどまったく食べない、ほかにも下痢や嘔吐があるなどこのような場合はせめて動物病院に電話して相談してほしいです。

症状 3
急に食欲不振になった（中高齢～高齢猫の場合）

中高齢～高齢の猫ちゃんに急な食欲低下が見られた場合は、考えられる病気が多すぎますが、**腎臓病**《じんぞうびょう》（P221）の悪化や**急性腎障害**《きゅうせいじんしょうがい》（P225）、**糖尿病性**《とうにょうびょうせい》**ケトアシドーシス**（P220）、**三臓器炎**《さんぞうきえん》（P223）、**肝**《かん》**リピドーシス**（P226）、腫瘍などこわい病気のこともあります。とくに糖尿病性ケトアシドーシスは、**糖尿病**《とうにょうびょう》（P220）が悪化した状

態で、食欲不振のほかに嘔吐や下痢などの症状も見られ、重症になると昏睡を引き起こして、死に至る危険性もあります。三臓器炎は、膵炎《すいえん》（P221）、肝炎《かんえん》（P226）、腸炎《ちょうえん》（P220）の三つの炎症性の疾患が、同時に起こる病気でこれも注意が必要です。いずれにしても、中高齢～高齢の猫ちゃんが急に食欲不振になった場合は、重い病気も考えられますので、すぐに動物病院で診てもらいましょう。

症状 4 なんとなく食欲が落ちている気がする

これ、気づくのが難しいです。慢性的な病気が疑われるのですが、僕の経験上慢性的な病気でなんとなく食欲がない、体重が減ってきた、と病院に来ることはほとんどないです。

気分で食べない日が週に1回だった猫ちゃんが、週に2回になり、これが長期にわたってしまうと気づくのは難しいですね。食欲不振に気づくポイントとして体重の変化が目安となります。慢性疾患で食欲不振になっている多くの場合は体重が落ちます。5キロの子が4・8キロ、4・6キロとダイエットもフードの変更もしてないのに徐々に体重が減っていくのは異常です。猫は何もしなければやせません。猫の体重の測り方はP148のコラムに書きましたので、後でチェックしてみてください。具体的な病名は多すぎて全部は書けないのですが、多いところだと口腔《こうくう》疾患や鼻水や鼻づまり、**腎臓病**《じんぞうびょう》（P221）、**慢性膵炎**《まんせいすいえん》（P215）、癌、腸疾患などの病気の可能性があります。

最初の口腔疾患ですが、**歯周病**《ししゅうびょう》（P222）などで歯が痛いと、やはり食欲が落ちます。逆に、歯周病の歯を抜くと食欲が上がって（元に戻って）太ることがあります。これは猫ちゃんあるあるです。次に、鼻水や鼻づまりですが、猫ちゃんはにおいで食べ物が安全かどうかを判断しています。**猫風邪**《ねこかぜ》（P219）や**鼻炎**《びえん》（P217）などで鼻がつまってしまうと、その判断ができず食欲が低下してしまいます。このほか、腎臓病や慢性膵炎、癌でもだんだん食欲が低下する症状が見られます。

症状 5
病気じゃないのに食欲不振に

猫ちゃんが食欲不振になった場合、まずは病気を疑い、除外する（病気じゃないと判断

する）ことが重要です。動物病院を訪れて検査を受け、原因の病気を特定しましょう。しかし、検査をしても原因となる病気が見つからない場合は、病気以外の何かが原因で、食欲が落ちているのかもしれません。その原因はたーーーくさんあります。

猫ちゃんはナイーブ！「季節」「部屋の気温」「栄養素が合わない」「飽きた」「ネオフォビア（同じものを好む）」「味覚嫌悪条件づけ」「食器が合わない」「環境の変化（ストレス）」「運動量の低下」「代謝エネルギーの減少」「食べ物の温度」「大人になった」「フレイルサイクル」などで、食欲不振になることがあります。ネオフォビアやフレイルサイクルなど、聞き慣れない言葉も多いと思いますので、それぞれ見ていきましょう。

猫ちゃんは「季節」によって食欲が変化します。人の場合は、〝食欲の秋〟と言いますが、猫ちゃんの食欲は、〝食欲の冬〟。冬に大食で、夏は少食、春・秋は普通になるのが一般的です。おそらく、代謝エネルギーが関係しているからです。次の「部屋の気温」にも当てはまりますが、寒いと体温を維持するために多くのエネルギーが必要になるので、食欲はアップします。そのため、寒い冬に大食い、夏に少食になるのです。

「栄養素が合わない」についてですが、猫ちゃんは、身体に不足する栄養素があると、その栄養素を補えるご飯を選ぶようになるそうです。この能力は、実は人間にもあります。疲れたときに甘いものを食べたくなるのは、不足したエネルギーを補うためです。冬に大食いになるのも必要カロリーが増えたことを猫ちゃんはわかっているんですね。面白い実験がありまして、猫ちゃんはおいしいけれど栄養スッカスカなフードと、栄養たっぷりだけどおいしくないフードが並んでいると、最初はおいしいほうを食べるけれど長期的には栄養たっぷりのほうを食べるそうです。我が家の猫ぶんざえもんはずっとおいしいおやつのほうを食べそうだが……。

「ネオフォビア」とは、ずっと同じものを好む猫ちゃんのことですね。1種類のご飯しか食べない子がこれです。これ自体病気ではないですが人だと精神的な原因の可能性があるらしいので、できればいろんなものを食べられるように訓練したいところですね。病気になったときに困りますし……。

「味覚嫌悪条件づけ」とは、たとえばAというご飯を食べた後に、気持ち悪くなったり、吐いてしまったりと嫌な思いをしたことから、Aのご飯が嫌いになってしまうことです。私たちも、生ガキを食べてあたった経験があると、もう生ガキを食べられなくなってしまいますよね。それと同じです。猫ちゃんだと病気になるとガラッとご飯の好みが変わる子もいます。ちなみに私いとぅ〜は生ガキにあたってノロウイルスに3〜4回なったことありますが、生ガキは大好きです。

「運動量の低下」「代謝エネルギーの減少」ですが、歳をとると運動量が低下するため、身体にエネルギーが余り、食欲が低下します。そして運動をあまりしない状態が続くと、筋肉が減って「代謝エネルギーの減少」も起こります。代謝エネルギーとは、呼吸をしたり、心臓を動かしたりと生命維持のために必要なエネルギーのことです。このように高齢になると、運動量が減る→食欲が減る→筋肉や基礎代謝が減る→もっと運動量が減る→さらに食欲が減る、こうした悪循環でどんどん体が弱っていく状態を人間の介護の用語で「フレイルサイクル」と呼びます。猫ではまだ言われていませんが高齢猫ちゃんでもこうならないためによく食べ、運動するのは大切ですね。

このように食欲不振には、病気以外の原因もたくさんあります。繰り返しになりますが、まずは病気を疑い、動物病院で検査や治療を受けることが大切です。それでも、原因の病気がわからない場合は、病気以外の原因を疑ってみるようにしましょう。

コラム

猫の体重の測り方

自宅でできる猫の健康チェックのひとつとして、体重測定があります。やり方は簡単！　猫ちゃんを抱っこして体重計に乗ってみましょう。自分＋猫ちゃんの体重が60キロで、猫ちゃんを下ろして自分の体重が55キロだったら、猫ちゃんの体重はその差の5キロだとわかります。定期的に計測している体重が下がっていたら、実は食欲不振かもしれません。

頻度としては1ヵ月に1回でも測っていれば十分だと考えています。ただし、ダイエット中や病気の猫ちゃんなら必要に応じて頻度をあげて測ってあげましょう。

Chapter

14

水

水について

皆さんに質問です！　皆さんのおうちの猫ちゃんは、水をたくさん飲みますか？　「水を出したらペロリと飲んじゃいます」「ガブガブ飲みます！」という方がいたら、動物病院で一度検査をしたほうがいいかもしれません。なぜなら〝病気の可能性が高い〟からです。

猫ちゃんは、水をあまり飲まない生き物です。その理由は、先祖が砂漠の乾燥地帯に暮らしていたため、水分があまり摂取できなくても大丈夫なように、尿で水分を無駄に捨てないように進化してきたからです。簡単に言えば、おしっこをできるだけ濃縮して、とっても濃い尿にしてから捨てています。猫はその能力に長《た》けているのです。

腎臓《じんぞう》は、体内のいらないものを尿にして捨てているという話は、皆さん聞いたことがあると思います。いわゆる「ろ過」という働きで、腎臓は血液をろ過して、体内に溜まった老廃物や水分、摂りすぎた塩分などを、尿として身体の外へ排出しています。しかし、腎臓はけっこうな捨て魔で、あれもいらない、これもいらないと、どんどん水分やミネラルを捨ててしまいます。すると脱水になったり、ミネラルバランスが崩れたりするので、必要なものを「再吸収」する働きも持ち合わせています。つまり腎臓には「ろ過」と「再吸収」二つの働きがあるのです。猫ちゃんは、この水分を再吸収する働きが優れているので、水をあまり飲まなくても平気なのです。ぜひ水のコラム（Ｐ１６１）も参照ください。

猫の腎臓の構造図

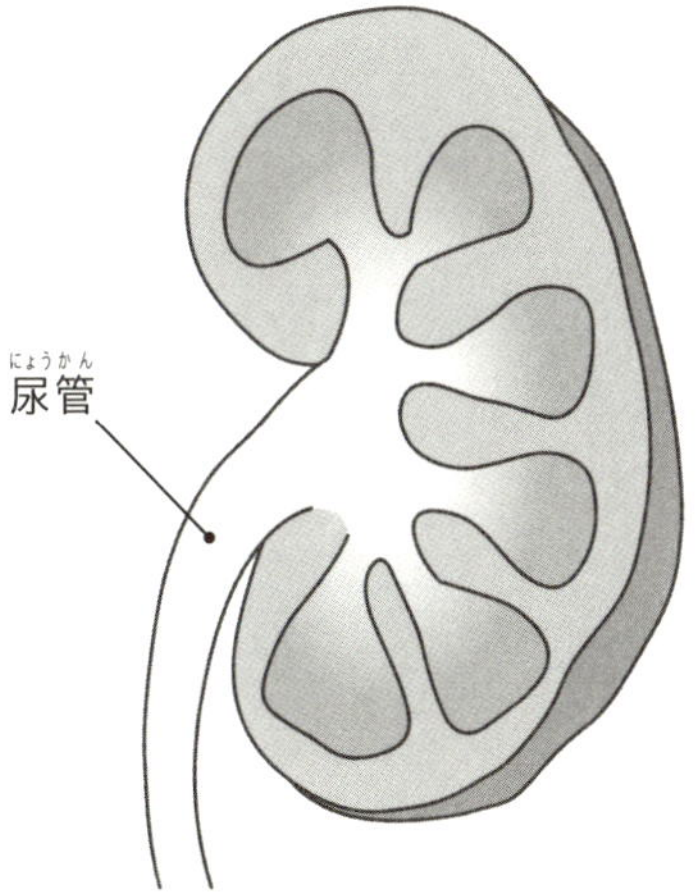

ネフロン拡大図

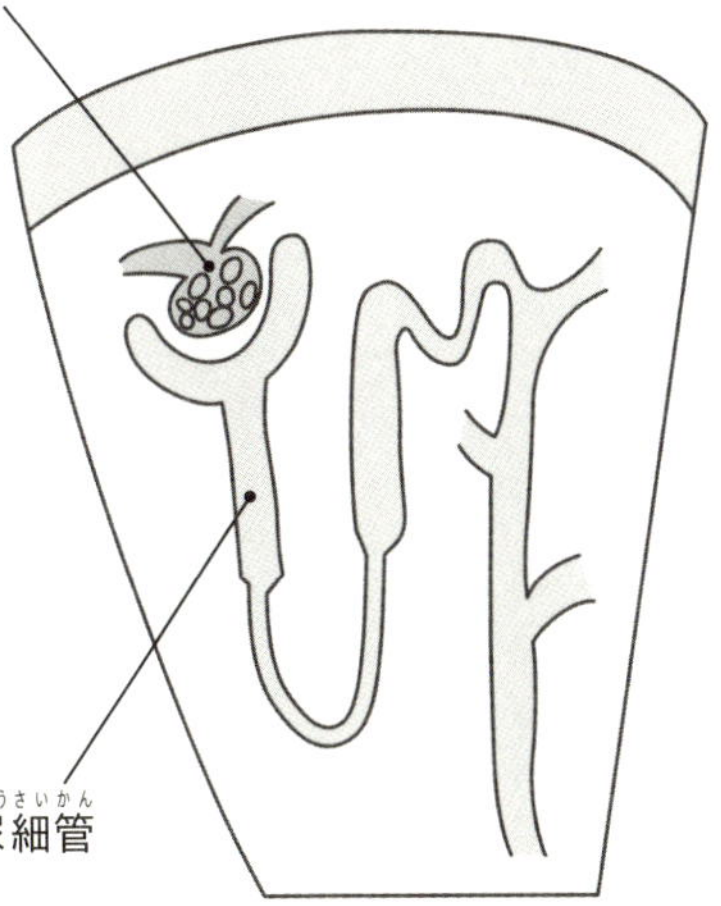

おしっこを作っているのはネフロンという構造で、ネフロンがた～くさん集まって腎臓ができています。何と片方の腎臓で猫だと20万個ほどあるみたいです。さらに細かく見るとネフロンは糸球体と尿細管でできています。ざっくりいうと糸球体が血液をろ過しておしっこを作って尿細管が再吸収をしています。

症状

1

水をよく飲む

あまり水を飲まなくても平気な猫ちゃんが、水をたくさん飲むときは、何らかの病気であることが多いです。これは症状のひとつで、獣医は「多飲多尿《たいんたにょう》」と言っています。よく見られる病気としては、**腎臓病《じんぞうびょう》**（P221）や**甲状腺機能亢進症《こうじょうせんきのうこうしんしょう》**（P224）、**糖尿病《とうにょうびょう》**（P220）などがあり、ストレスやフードの変更によっても、水をたくさん飲むことがあります。

では、「うちの子は水を飲みすぎかな」と思ったときに、飲みすぎかどうか判断する目安としては、次の三つがあります。

●容器が空っぽになるまで水を飲む、がぶ飲みする。
●日に「50ml×体重以上」の水を飲む（体重5キロの場合、250ml以上）
●おしっこの回数が多い、薄い、量が多い

猫の水を飲む量なんて測ったことない方がほとんどかもしれませんね。自宅でできる簡単な健康チェック法を紹介するのでぜひ測ってみましょう。

猫ちゃんが飲んでいる水の量を大まかに把握する一番簡単な方法は、500mlのペットボトルに満タンの水を入れ、そこから水入れの器に、飲み水を注ぎます。なくなりかけたら注ぎ足す。最後に残った量を500から引けばわかります。たとえば500mlが350mlになっていたなら。500マイナス350で150ml飲んでいたことになります。

大切なことは普段の水の量を把握し、病気のときの変化に気づくことです。先ほど一日に「50ml×体重以上の水を飲む」と書きましたが、水分はフードからも摂取しますし、蒸発する分もあるためそこまで正確に測れないのと、季節やその日の気分でもけっこう変わります。そのため、あくまで教科書的な知識・数値と思ってください。実際は、具体的な数値というより病気の場合は今までとの違いがはっきりわかるほどの多飲多尿になります。そこに気づいてあげることが大切ですね。

個人的には1ヵ月に1回のチェックでいいかと思います。多飲多尿を引き起こす病気はいずれも進行が遅いことが多く、毎日のチェックは必要ありません。まず猫は水をがぶ飲みしません、空っぽになるほど飲みません。このような水の飲み方をしたり、いつもよりかなり水を飲むと感じたりしたら一度健康診断をおすすめします。

先ほど水をいっぱい飲む症状のことを「多飲多尿」と言いました。そうです。おしっこもたくさんします。そして理論的にはおしっこをたくさんするから水をたくさん飲むんです。だから本当は「多尿多飲」が合っているかも……そんなことはどうでもいいですね。

ところで、皆さんこのようなことが気になるかと思います。「おしっこは何回が普通？」「どのくらいのおしっこの量が普通？」「どのくらいの薄さが病気？」。

僕の答えは「猫によって違うのでわかりません」です。すいません。病院でおしっこの「比重」という項目を検査すれば濃いか薄いか判断することはできます。なのでまずは健康診断が大切ということを覚えておきましょう。

自宅で尿が多いか少ないかを確認したい場合、かたまる砂タイプの方は「おしっこ玉」を見ましょう。「おしっこ玉」が以前よりも大きくなったり、ほかの子と比べて大きかったりする場合は尿が多く、その分、水を飲みすぎている可能性があります。システムトイレなどでトイレシートを使っている場合はおしっこの色を確認できますね。おしっこは「濃い」より「薄い」ほうが病気の可能性があります。

このように多飲多尿がある場合は、一度、動物病院を受診するようにしましょう。

症状 2

水をよく飲む＋食欲がない・元気がない・嘔吐《おうと》が増えた

水をよく飲む症状に加えて、食欲不振や体重減少、元気がない、嘔吐が増えたなどの症状が見られたら、重度の**腎臓病《じんぞうびょう》**（Ｐ２２１）かもしれません。腎臓病は、猫ちゃんに多い病気のひとつで、腎臓病になると水をたくさん飲むようになります。

Ｐ１５０で説明したように、腎臓は「ろ過」と「再吸収」の働きをします。わかりやすく言えば、いらないものを捨てて、必要なものを再吸収しているのですが、腎臓病になると、いらないものは捨てられず、必要なものは捨ててしまうので、水分をじゃぶじゃぶ排出してしまいます。そのため、猫ちゃんは喉が渇いて水をたくさん飲むようになるのです。重度になるといらないゴミが溜まりに溜まって気持ち悪くなるんですね。そのため嘔吐が増えたり食欲がなくなったりします。ほかにも糖尿病だったら**糖尿病性《とうにょうびょうせい》ケトアシドーシス**（ｐ２２０）で命の危険状態かもしれません。

症状 3

水をよく飲む ＋ 高齢の割に元気・怒りっぽい・やせてきた

水をしょっちゅう飲む症状にプラスして、高齢なのに落ち着きがなく活発に動き回る、食欲があるのにやせてきた、シャーシャーと攻撃的になった、嘔吐が増えたなどの症状がある場合、**甲状腺機能亢進症《こうじょうせんきのうこうしんしょう》**（Ｐ２２４）が疑われます。この病気は高齢の猫ちゃんに多い病気です。

甲状腺からは、身体の代謝を活発にするホルモンが分泌されていますが、そのホルモンが出すぎることで、常に身体に過剰な負担がかかるのが甲状腺機能亢進症という病気です。

症状 4

水をよく飲む ＋ ダイエットしていないのにやせていく

水をよく飲むのに加えて、ダイエットしていないのにやせていく場合、**糖尿病《とうにょうびょう》**（P220）の可能性があります。糖尿病というと、おしっこにブドウ糖が多く含まれているイメージがあるかもしれませんが、血液中のブドウ糖が多くなる、いわゆる血糖値が高い状態が続く病気です。わかりやすく言えば、血液が濃くなって、ガムシロップのようにドロドロしているイメージです。

血液中のブドウ糖が多いと、腎臓がブドウ糖を捨てようとします。その際、水分も一緒に捨ててしまいます。そのため脱水が起きて、水をたくさん飲むようになります。**糖尿病《とうにょうびょう》性《せい》ケトアシドーシス**（P220）で命の危険性がある可能性もあります。**腎臓病《じんぞうびょう》**（P221）や**甲状腺《こうじょうせん》機能《きのう》亢進症《こうしんしょう》**（P224）でもやせていきます。飼い主さんが気づきにくい病気でもあるので多飲多尿に気づいたら、すぐに動物病院で診てもらいましょう。また、定期的に健康診断を受けることも重要です。

症状

5

水をよく飲む ＋ フードを変えた

フードを変更したら、急に水を飲む量が増えた。これは、猫ちゃん〝あるある〟のひとつです。たとえば、ウェットフードからドライフードに変えた場合、猫ちゃんは水をよく飲むようになります。なぜなら、ウェットフードには１００gに対して約70mlの水分が含まれていますが、ドライフードには約10mlしか含まれていません。つまり、60mlの水分が減ることになります。60mlと聞くと大した量じゃないと思うかもしれませんが、人間に換算すると、私たちは猫ちゃんの体重の約10倍あるとして計算しても、６００ml＝ペットボトル1本分の水が減ったことになります。

また、フードを塩分が多いものに変更しても、猫ちゃんは水をよく飲むようになります。人も同じですよね。ラーメンやステーキなど、塩分が多いものを食べると、水をたくさん飲みたくなります。しょっぱいフードなんてあるの？　あるんです。結石《けっせき》の療法食とかがまさにそれですね。猫に水をたくさん飲んでもらうために、あえてしょっぱくしています。

症状

6

水を今までより飲まない

安心してください。猫が水を飲まないのは普通です。と言いたいところですが、もし以前より減ったなら注意が必要です。

考えられる原因は、次のようなものがあります。

●歯、口が痛い　●気持ちが悪い、食欲不振　●フードの変更　●腰が痛い

大事なのはいずれも「今までより飲まない」です。もともと猫はあまり水を飲みません。

「歯、口が痛い」場合、歯が悪くなって水がしみて痛い、**口内炎**《こうないえん》（P224）が痛い、こわいことを言うと口に癌ができているせいで水を飲まなくなることがあります。歯がいきなり悪くなったり、生まれつき歯が悪かったりすることは少ないので今までと比べることが大切ですね。

次に、「気持ちが悪い、食欲不振」ですが、気持ちが悪かったら水を飲みません。僕の経験ですが食欲なくても水を飲む子は多いです。それなので食欲不振から水も飲まなくなっ

たら、かなり体調が悪いと思ってください。
「フードの変更」は、もともとドライフードを食べていた子が、ウェットフードに変更した場合や、スープタイプのご飯を食べた後などに、水を飲む量が減ります。

最後の「腰が痛い」ですが、高齢になると腰が痛く、かがむのがつらくなって、水を飲まなくなります。最近は、猫ちゃんがかがまなくてもいいご飯台が販売されていますので、そういった対策を考えてみましょう。

コラム

猫ちゃんに水を飲ませる工夫

僕がYouTubeで質問されるランキング堂々30年連続1位なのが「水を何ml飲むのが普通ですか？」または「何ml以上飲んだほうが良いですか？」です。30年連続1位は冗談ですが、本当によく聞かれます。やはり皆さん猫が水を飲まなくて悩んでいるのですね。これらの質問の答えは「猫による」「飲むなら飲むだけ飲ませて。飲みすぎて病気になった猫を診たことがない」です。

飲む量を増やすためには、次のような方法があげられます。ひとつは、「水を交換する頻度を上げる」です。1日に2回ぐらい交換してあげるのがいいでしょう。次に水の温度についてですが、一般的には冷たすぎないほうがいいといわれています。でも私のYouTubeチャンネルの生配信でアンケートをとったところ、「常温の水」をあげている飼い主さんが一番多く、次点で温かい水、冷たい水でした。多分猫ちゃんによります。いろんな温度であげてみるといいですね。夏は冷たい水を喜ぶなんて猫ちゃんもいました。

水をあげる容器については、小さすぎないほうがいいといわれていますが、猫ちゃんによっては小さい器が好きな子もいます。ぜひ、お気に入りの器を見つけてあげてください。置く場所も重要です。高いところ、ご飯の横、ご飯から離れた場所、色んな場所に置いてみましょう。最近では、流れる水の容器もあります。水道から流れる水が好きな猫ちゃんもいるので、そういった子はこのような流れる水の容器が好きかもしれません。最後に、おそらく、一番効果的と思われる方法はフードをドライからウェットに変更したり、スープタイプのご飯をあげたりすることです。そうするとトータルの水分摂取量を増やすことができます。

Chapter
15

トイレ

トイレについて

私たちも健康診断などで尿や便の検査を行いますが、猫ちゃんの健康状態を知るためにも、日々の「おしっこ」や「うんち」の状態をチェックすることは大切です。と、よく簡単にいわれますが、皆さんは猫ちゃんのおしっこ・うんちがどの状態なら健康かわかりますか？　薄いおしっこと濃いおしっこどっちが正常でしょう？　「水」の項目を読まれた方はわかるかもしれませんね。では回数は？　実はおしっこの状態によっては急いで病院に連れて行かないと、命にかかわる状態だった、なんてこともあります。

うんちはどうでしょう？　1週間うんちが出ないと命にかかわるから急いで病院に行くべき？　血みたいな赤いうんちをしたらどうする？　意外にわからないことが多いです。うんちやおしっこは健康状態のバロメーターでとっても大切なことなのでしっかり勉強しましょう。

まずは「おしっこ」についてですが、よく質問であるのが「1日の尿の回数は、平均何回ぐらいですか？」というものです。私たち人間の場合は、成人で1日平均4～8回ほどといわれていますが、猫ちゃんはもっと少なく、成猫の場合、1日平均1～3回ほどです。「水」の項目のところでもお話しましたが、猫ちゃんの先祖は砂漠の乾燥地帯出身なので、水をあまり飲まなくても平気なように、尿をできるだけ濃くしてから体外に排出するように進化しているからです。もちろん、個体差はありますし、年齢によっても回数は変わり、仔猫のほうが回数は多くなります。

「うんち」の回数は、1日平均1回ほどといわれていますが、2日に1回という猫ちゃんもいます。うんちについては回数もチェックポイントのひとつですが、それよりもうんちの形や含まれる水分量などを確認するようにしましょう。一般的に健康的なうんちは、バナナ状のくびれのないきれいな形をしています。かたすぎなうんちはウサギのようなコロコロうんちで、はしなどでつまんだときに痕がつかないです。逆につまんだはしにうんちがついたり、うんちを取ったら底にちょっとつくのは柔らかうんちです。

うんちの回数や形についても個体差がありますので、重要なのは「いつもと違わないか？」を確認することです。おしっこも同様ですが、いつもよりも回数や量が多い・少ない、おしっこが濃い・薄い、うんちがかたい・ゆるいなど、毎日お掃除のときに確認して異変に気づけるようにしましょう。

症状

1

下痢（うんちがゆるい）

皆さんのおうちの猫ちゃんは、これまでに下痢をしたことがありますか？　通常、猫ちゃんが下痢をすることは少なく、これまでに一度も見たことがないよ～という飼い主さんも多いかもしれません。実際に下痢で来院した猫ちゃんの診療結果を、参考までにいくつか紹介してみますね。

●下痢と嘔吐、食欲不振で来院した5歳の猫ちゃん

血液、レントゲン、超音波検査をしてみたが、明らかな異常はなし。エコーで腸炎がありそう。

↓3日ぐらい経ったら自然に良くなった。毛づくろいでお腹に溜まった毛玉が腸を刺激していたのかな？　ストレスだったのかな？　はっきりとした原因は不明。

●フードを変更したら次の日から下痢

↓これは、フード変更が原因の可能性が高いですね。ずっと同じご飯を食べている子で、急にご飯を変えると下痢をすることはよくあります。人間でも海外旅行で急にご飯が変わってお腹を壊した経験をした人もいるかと思います。もし猫ちゃんのご飯を変えるときは少しずつ変えていきましょう。

●下痢と嘔吐、食欲不振という同様の症状で来院した、別の5歳の猫ちゃん

検査を行ったところ、**急性腎障害**《きゅうせいじんしょうがい》（P225）で一気に腎臓の状態が悪くなっていた。
↓急いで治療。

このように、下痢といっても原因はさまざまで、中には**腎臓病**《じんぞうびょう》（P221）や癌などのこわい病気の場合もあります。もし、猫ちゃんが下痢になったときは、「大したことはないかもしれないけど、何かこわい病気が隠れているかも……」と考えるようにしましょう。

症状 2
下痢が3週間以上続く

下痢とは、大きく**急性下痢**《きゅうせいげり》（P225）と**慢性下痢**《まんせいげり》（P215）の2種類に分けられます。急性下痢の例としては、次のようなケースがあります。

●食欲・元気あり、嘔吐なしの3歳の猫ちゃん

前日ペットホテルに預けて、帰ってきたら下痢。

↓皮下補液と下痢止めを処方。3日後に良くなる。ペットホテルのストレスが原因かな？

●食欲・元気あり、嘔吐なしの別の3歳の猫ちゃん

前日が誕生日で、いつも食べないものをあげたら、翌日から下痢に。

↓皮下補液と下痢止めを処方。3日後に完治。おそらく、食べ慣れないものを与えたのが原因。

急性下痢で考えられる原因としては、寄生虫、ストレス、毛玉、フードの変更、薬、異物、別の病気、便秘後などがあります。

慢性下痢の原因としては、ストレスや食事、別の病気、**炎症性《えんしょうせい》腸疾患《ちょうしっかん》**（P227）、などがあります。ストレスで下痢になるパターンとして多いのは、「同居猫との仲が悪い」「近くで工事が始まった」「お客さんが家に遊びに来た」「病院に行った」など。コロナ禍で飼い主がずっと家にいるようになり猫ちゃんが下痢になったが、また出社するようになったら下痢がよくなったなんていう話もあります。実は、これはコロナ明け〝あるある〟でした（笑）。

なぜ、ストレスで下痢をするかというと、私たち人間も同じですが、「自律神経」という言葉を耳にしたことはありませんか。交感神経と副交感神経があって、副交感神経が活発なリラックスモードのときに腸が働き、食べたものが消化されます。通常は、自然に交感神経と副交感神経が入れ替わるのですが、ストレスでその働きが乱れると、腸の働きも悪くなって下痢になってしまうのです。残念ながら猫ちゃんの自律神経の下痢についてのデータはないのですが、原因のひとつとして考えられます。

また、慢性下痢の原因のひとつである「食事」ですが、食事が合わなくて下痢になることがあります。この場合、食事を変えることで、下痢が良くなります。食事に関連するもうひとつの原因として、「糞便の細菌バランス」があります。そう言われても、あまりピンとこないかもしれませんが、私たち人間でいうと「腸活」という言葉を聞いたことはありませんか。私たちの腸内には善玉菌と悪玉菌がいて、善玉菌を増やすために食事に気をつけたり、運動をしたりすることを「腸活」と言います。

猫ちゃんの腸内にも細菌が多数いて、普段、食べないものを食べるなどして細菌バランスが崩れたり、悪い細菌が増えたりすることで、下痢になることがあります。細菌バランスを整えるために、整腸剤として知られるビオフェルミンを獣医の指示を受けた上で与えることもありますね。

次に慢性下痢になる「別の病気」としては、先ほどお話した**腎臓病**《じんぞうびょう》（Ｐ２２１）や**慢性**《まんせい》**膵炎**《すいえん》（Ｐ２１５）、**甲状腺機能亢進症**《こうじょうせんきのうこうしんしょう》（Ｐ２２４）、癌など、さまざまな病気が原因で下痢になることがあります。

「下痢はしているけれど元気で食欲もある」「フードを変えたばかり」「普段から下痢をしやすい」といったケースで翌日に下痢が治まっている場合は、病院に行く必要はないでしょう。ただし、数日経っても治らない、治ったと思っても繰り返すときには病院に連れて行きましょう。

また、下痢に加えて、嘔吐や食欲不振、元気がないなどの全身症状が見られるときは、病院で全身の検査を受けたほうがいいと思います。また、２週間も３週間も下痢が続く慢性下痢の場合は、必ず病院を訪れましょう。

下痢でこわいのは「脱水」です。下痢が数日続くと体内から水分が出てしまい、「脱水」を起こすことがあります。脱水によって、腎臓病が一気に進行してしまうこともあります。脱水がひどい場合は、人と同じで点滴が必要になることもあります。

症状 3

真っ赤なうんちや、真っ黒なうんちが出た

下痢で血便が出た場合、なかでも血でうんち全体が真っ赤な場合は、すぐに動物病院に連れて行きましょう。うんちにちょっと赤い血がついていたり、粘膜がついていたりというのは、下痢ではよくあることですし、立派なもんが出たとき、かたい便が出たら血が出るので問題はありませんが、うんち全体が赤い場合は、腸内を大きく擦りむいている可能性があります。出血によって貧血になったり、重度の下痢による脱水や敗血症で命にかかわったりすることもあります。

また、真っ黒なうんちが出た場合は、小腸や胃で出血している可能性があります。小腸や胃で出血があると、胃酸で赤かった血が酸化して黒く変色して、真っ黒なうんちになります。このような下痢を**小腸性《しょうちょうせい》下痢《げり》**（P222）と呼びます。ちなみに先ほどお話した、うんちにちょっと赤い血がついていたり、粘膜がついていたりする下痢は**大腸性《だいちょうせい》下痢《げり》**（P221）と言います。

なお、動物病院を訪れる際には、その日のうんちを持ってきてもらえると、獣医としては診断がしやすく、とても助かります。

症状 4

便秘（うんちの回数低下など）

うんちが出ない便秘は、下痢に比べて見た目で症状がわかりにくいこともあり、そのまま放置されてしまいがちです。長期間、便秘のまま放置すると、腸にうんちが大量に溜まって腸がビヨーンと伸びてしてしまう、**巨大結腸症**《きょだいけっちょうしょう》（P225）というこわい病気になってしまいます。一度伸び切った腸は元に戻らず、一生ひどい便秘に苦しむことになります。定期的に動物病院で猫ちゃんのお尻に指を入れてうんちをかき出す「摘便《てきべん》」や、状態が悪い場合は、腸を切断するという難しい外科手術を行わなければなりません。ですから、便秘はできるだけ早めに治療・コントロールしてあげることが大切です。

便秘で、最初に皆さんが気になるのが、「何日うんちが出ないと便秘ですか？」だと思います。実は、何日という定義はないんです。なので、毎日うんちが出ていても便秘のこともあります。また、食欲不振や嘔吐、体重減少などが便秘のせいで起こっている場合は必ず治療が必要です。猫ちゃんが便秘のときにどうなるかというと、うんちの回数が減ったり、うんちがかたくなったりする以外に、排便時の痛みでニャオニャオと鳴いちゃう子や、うーんって力んだときに吐いちゃう子もいます。また、トイレには行くけれど何も出なかったり、うんちが出にくく血がついたりすることもあります。

　便秘の原因ですが、本当にさまざまです。あえて難しい言葉を使って大きく二つに分けると、「器質性便秘《きしつせいべんぴ》」と「機能性便秘《きのうせいべんぴ》」の二つです。「器質性便秘」とは形が変わることで起こってしまう便秘です。たとえば、交通事故で骨折してしまって骨盤が狭くなったり、腸に腫瘍ができて穴が狭くなったりと、骨盤や腸の形が変わってしまい便秘になることがあります。

　もうひとつの「機能性便秘」は、簡単に言えば、さまざまな理由で腸の動きが悪くなって起きる便秘です。たとえば、ストレス、トイレが気に入らない、腰痛で踏ん張るとしんどい、などの理由で我慢してからうんちをする。それが続くと腸の中に便が常に溜まっているのが通常となり、腸の動きが悪くなります。また、脱水で便がかたくなり便が出にくくなるのも、機能性便秘です。腸の動きが悪くなる原因は、ほかに脱水（**腎臓病**《じんぞうびょう》（Ｐ２２１）

などが原因）や自律神経障害、特発性（原因不明）、などもあります。

早期に治療してあげれば、浣腸や下剤、サプリ、サイリウム（食物繊維）など、うんちがゆるくなる薬で、便秘が悪化しないようにコントロールできます。

たかが便秘だと軽く考えず、ぜひ一度は動物病院に連れて行ってください。ちなみに我が家の猫ぶんざえもんも毎日うんちは出ていますが、カチカチうんちになってきたのでサイリウムをあげています。そうすると良いうんちになります。ただし、サイリウムは人間には1日10～20g程度という上限が設けられていて、摂取しすぎると、便秘や腹痛を招き、医薬品との組み合わせにも注意な素材となっています。私は獣医なので自分で処方できますが、皆さんは自分の判断であげずに、必ず獣医から処方してもらってください。

症状 5 おしっこが出ない

おしっこが出ない場合は、**迷わずにすぐに動物病院に連れて行ってください！ 24時間以上おしっこが出ないなどは、様子見などせず至急病院に連れて行きましょう。**夕方に猫

ちゃんがおしっこしてた、朝、猫ちゃんのトイレを見たら、おしっこをしていないな……、でも、これから仕事だし様子を見てみるか。そして夕方、夜に帰宅しても、まだおしっこしていないな。この段階で、かかりつけの動物病院に相談することをおすすめします。けれども仕事から帰った後では営業している動物病院も少ないでしょう。翌朝も出ていなかったら、まさにデッドラインです。必ず仕事を休んで病院に連れて行ってください。**そのまま放置して48時間以上おしっこが出ないと、猫ちゃんは死んでしまう危険性が高いです。**「おしっこが出ない」とは、それほどこわいことなのです。

なぜ、死に至るのかというと、腎臓は体内のいらないものを捨てたり、水分を調節したりする働きに加えて、体内のミネラルバランスを調節しています。そのミネラルの中の「カリウム」は、筋肉を動かすのですが、おしっこを身体の外に出せないと、血液中にカリウムがあふれ（**高《こう》カリウム血症《けっしょう》**〈Ｐ２２４〉）、筋肉の動きがおかしくなります。筋肉が動かないだけでは死なない、と思うかもしれませんが、実は筋肉の塊でとても重要な臓器があります。心臓です。カリウムが増えて心臓の筋肉がうまく動けず（不整脈）猫ちゃんが死に至るのです。ほかにもおしっこを身体の外に出せない状態は腎臓にものすごく負荷がかかります。命は助かっても**腎臓病《じんぞうびょう》**（Ｐ２２１）になってしまうかもしれません。

おしっこが出ない場合に考えられる原因は【おしっこが作られていない】または【おしっこを作れてはいるが排泄できない】の二つです。考えられる病気は、**尿道閉塞**《にょうどうへいそく》（Ｐ２１９）、**急性腎障害**《きゅうせいじんしょうがい》（Ｐ２２５）、**尿管閉塞**《にょうかんへいそく》（Ｐ２１９）、**慢性腎臓病**《まんせいじんぞうびょう》（Ｐ２１５）の末期、**膀胱炎**《ぼうこうえん》（Ｐ２１６）のショック状態などです。どれも重い病気ばかりで、獣医としては病名を見ると気が引き締まるものばかりが並んでいます。「尿道や尿管ってどこ?」と思われた方は、次の図をご覧ください。腎臓で血液をろ過して、尿管という細い管を通って、膀胱に尿が溜められます。最後、尿道を通って身体の外に排出されます。

猫の尿排泄の経路

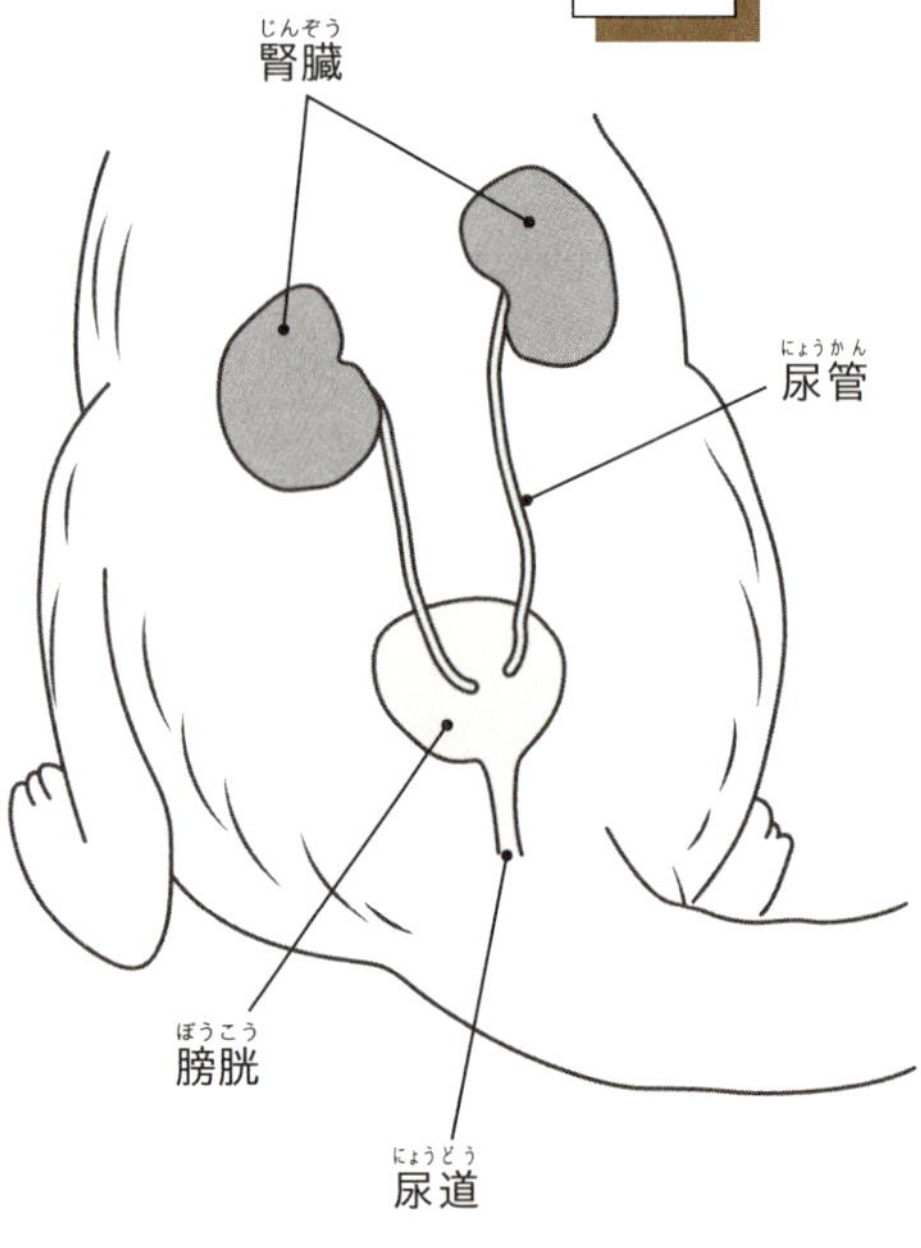

症状 6

おしっこが出ない ＋ オス猫である

おしっこが出ない猫ちゃんが男の子の場合、膀胱の中でできた結石や、炎症で尿道がつまってしまう**尿道閉塞**《にょうどうへいそく》（P219）が原因かもしれません。

オス猫は尿道が細く長いためつまりやすく、メス猫よりも圧倒的に多くこの病気にかかります。というよりメス猫ではほとんど閉塞は起こりません。この場合、おしっこはまったく出ないか、ほんの少し出るくらいです。

膀胱は、おしっこが溜まっててパンパンになっていることがあるので、飼い主さんは触らないように注意しましょう。圧迫すると、膀胱が破裂することがあります。速やかに動物病院に連れて行ってあげてください。

症状 7

おしっこが出ない ＋ 急に元気がなくなり げーげー吐く、食欲もない

尿道ではなく、腎臓→膀胱の間にある尿管に結石がつまることもあります（P176図参照）。これを尿管閉塞《にょうかんへいそく》（P219）といい、緊急で手術が必要な場合もあります。尿管や尿道に結石がつまると、腎臓でどんなにろ過をしても、不要な毒素が身体の外に出ません。すると、腎臓の中に多数あり、ろ過の働きをしている「ネフロン」が破壊されてしまいます。一度壊れたネフロンは、元には戻らないため、腎臓の機能が失われます。そのため、ネフロンが壊れる前にできるだけ早く病院に行き、適切な治療を受けることが必要になります。少しおかしな表現をしました。「適切な治療」ですが、この病気で必要な手術の判断は難しいです。救急医療の先生であれば適切な判断ができる場合が多いですが一般の町医者では難しい場合も多いです。もし尿管に石があるから流れるのを待ちましょうって言われた場合は電話でも構いません、その旨を救急の先生に相談してみてください。

症状

8

おしっこが増える・薄くなる

おしっこの量が増える場合は、**腎臓病**《じんぞうびょう》（P221）や**甲状腺機能亢進症**《こうじょうせんきのうこうしんしょう》（P224）、**糖尿病**《とうにょうびょう》（P220）などが考えられます。腎臓病になると、水分を再吸収しておしっこを濃縮する機能が低下して、おしっこの量が増えるとともに、色が薄くなります。糖尿病の場合は、ブドウ糖が増えると、腎臓がブドウ糖を捨てようとします。その際水分をいっぱい排出するために、おしっこの量が増えます。腎臓病、糖尿病、そして甲状腺機能亢進症では、尿の量が増えた分を補うために、「水をよく飲む」という症状もあらわれます。これを、「多飲多尿」と呼びます。「水」（P152）でも詳しく説明しているので、参照してください。多飲多尿に気づいたら、早めに動物病院で診てもらいましょう。

症状 9
おしっこがくさい

猫ちゃんのおしっこは濃縮され濃いので、人とは少し違うにおいでくちゃいことが多いですね。とくに去勢をしていないオス猫のおしっこが、一番くさいです。去勢していない猫ちゃんが入院しているとすぐにわかります。

おしっこがくさいと病気のこともあります。後述する**細《さい》菌《きん》性《せい》膀《ぼう》胱《こう》炎《えん》**（Ｐ２２３）のときは、独特なにおいになります。いとぅ～レベルの獣医にもなるとおしっこのにおいだけで、「おや、細菌性膀胱炎っぽいな」と判断できます……。いえ、数年経験した獣医ならみんなわかります（笑）。

症状

10

頻尿や血尿

猫ちゃんがトイレに何度も行く場合、おしっこを溜める臓器、膀胱に炎症が起きる**膀胱《ぼうこう》炎《えん》**（P216）になっているかもしれません。何度もトイレに行ってしゃがむのですが、おしっこがほとんど出なかったり、おしっこをするときに声を出したりする子もいます。おしっこの色が茶褐色になり、血が混ざることも。トイレ以外でおしっこをしてしまったり、陰部を気にしたりという症状も見られます。本当に何度もトイレに行く場合は1日に10回、20回。見ていてつらそうなのがわかります。ちなみに獣医でも膀胱炎か、先ほどのこわい状態、**尿道閉塞《にょうどうへいそく》**（P219）のどちらなのかは膀胱を触ったり、エコーを診たりするまで判断がつきません。何度か膀胱炎を患ったことのある猫ちゃんならまだよいですが、初めての場合は急いで病院へ連れて行きましょう。

膀胱炎の原因は多くの場合「細菌性」「結石」「特発性」の三つです。

「細菌性」とは、その名のとおり細菌感染が原因の膀胱炎ですが、猫ちゃんではあまり多くありません。なぜなら、猫ちゃんの膀胱はバリアが強いのと、濃縮された尿では細菌が増えにくいからです。それなので基本的には高齢猫ちゃんや、**腎臓病**《じんぞうびょう》（Ｐ２２１）や**糖尿**《とうにょう》**病**《びょう》（Ｐ２２０）などおしっこが薄くなる病気の猫ちゃん、尿道カテーテルなどの異物が膀胱に入っている猫ちゃんなどに**細菌性膀胱炎**《さいきんせいぼうこうえん》（Ｐ２２３）は起こりやすいです。

次の「結石」ですが、膀胱や尿道に結石ができることが原因で、膀胱炎になることがあります。結石には、主に「ストラバイト結石」と「シュウ酸カルシウム結石」の2種類があります。ストラバイト結石は、食事を療法食に変えることで溶かすことができます。シュウ酸カルシウム結石は療法食で溶けないので、症状や状態によっては手術で取り除くこともあります。結石を繰り返さないためには、水分をたくさん摂取したり、食事回数を頻回にしたりします（諸説あり）。また、療法食に変える、トイレ環境を改善するなどの対策もあります。

最後の「特発性」ですが、細菌性でも結石でもない、原因不明の膀胱炎のことをこう呼びます。実は、この特発性が猫ちゃんの膀胱炎の原因第1位です。ストレスが原因かも、といわれています。ストレスでよくあるのが2頭以上の多頭飼い、引っ越し、模様替えなどですね。「うちの子たちはけんかしないので仲は良いです」という場合もありますが、おそらく小さなストレスでもなるみたいです。人間でいうと何度注意しても旦那さんが靴下を洗濯機に入れない、ぬぎっぱなし、みたいなストレスがきっと猫ちゃんたちにもあるんだと思います。何度も繰り返すのも特徴で、1年以内の再発率は39～65％といわれています。残念ながら特発性膀胱炎に特効薬はありません。痛み止めなどを使い、少しでも症状を和らげてあげるっていう感じの治療になります。しかし何もしなくても長くても2週間以内に改善することが多いです。

「もし再発した場合、2週間で治るなら、病院に行かなくてもいいか」と思うかもしれません。この病気はストレスが原因の可能性があります。猫ちゃんは病院に行くとストレスが増すので余計悪化する可能性もあります。そのため、病院に連れて行かず様子見で大丈夫な場合もあるのです。この辺、実は獣医学的にも議論中です。ただし、今までは特発性だったけれど今回は結石が原因の可能性もあります。そのため、今のところは様子見をせず、病院へ連れて行ってあげるのが正解な気もします。

一番大切なのはできるだけ繰り返さないようにしてあげることですね。繰り返さないためには、ストレスを減らし、運動をよくして、水分をよく摂ること。トイレ環境の改善や太らないようにすることも大切だといわれています。

コラム

トイレ環境の改善方法

猫ちゃんにとって、トイレはとっても大切です。トイレに満足していないと、膀胱《ぼうこう》炎《えん》（P216）や便秘になったり、結石になっちゃったりします。便秘や結石は一生の持病になることがあるので、トイレには気を配りましょう。病気もそうですけど普通に考えてきれいなトイレのほうがQOLが高いです。

家のトイレが、きったないトイレだったら嫌ですよね。一流ホテルのようなきれいなトイレが良い。猫ちゃんも同じです。むしろ人間以上かもしれません。人間と猫は別の生き物なので今現在も猫がどのようなトイレが気に入るかは難しいところですが、ある程度はわかってきています。

トイレ環境の改善方法の前に、猫ちゃんがトイレを気に入っていないときのサインは、「粗相をする」「中に足を入れない」「縁に立っておしっこをする」「終わったらダッシュで出てくる」「まったく砂をかけない（もともとかけない子もいる）」などです。

こうしたサインが見られたら、トイレ環境の改善に取り組みましょう。人間に似ていますすね。お父さんがトイレを気に入ってるとなが〜く入ってますもんね（笑）。居心地が良いと猫もゆっくり、じっくり用を足すのです。それでは、猫ちゃんの快適なトイレの条件を、ざっとまとめてみましょう。

●トイレの数……できるだけたくさんが理想。少なくとも猫ちゃんの頭数＋1個
●広さ……猫の身体の1・5倍以上
●トイレのフード（屋根）……ありかなしかはどっちか不明
●砂……かたまる砂、無香料、鉱物タイプ
●掃除……最低1日2回。理想は猫ちゃんがトイレするたびに掃除。砂は月に1回は交換する

詳しく見ていきますと、「トイレの数」は、猫ちゃんの数プラス1個が基本。1頭の場合は2個です。とはいっても、2個並べて置いていては意味がありません。それは、大きなトイレが1個あるだけです！　猫ちゃんのトイレの数についてはよくいわれていることですが個人的には置き場所もとても大切だと思っています。トイレは、猫ち

ゃんにとって自分のにおいをつける縄張りマーカーの役割もあるからです。そのため、トイレは家族と猫ちゃんが生活する上で、重要な場所に置いてあげましょう。たとえば、家族のにおいがよくついている寝室やリビングです。全部屋に一個ずつ置けるなら置いてもよいです。一方で、置かないほうがいい場所もあります。寒いところやうるさい場所。そんなトイレには、行きたくないですよね。ほとんど使っていない物置などに置くのもやめましょう。

「広さ」は、猫ちゃんの体長の1・5倍以上が理想です。狭いトイレよりも、広いトイレのほうがいいですよね。深さも砂がしっかり入るくらいの、そこそこの深さがあったほうがいいです。ただし、ぶんざえもんもそうなんですが大きい猫ちゃんだと合うサイズがない、家に置けないんですよね……。そのため可能な限りの大きさで大丈夫です。

「トイレのフード（屋根）」、いわゆるフタは賛否両論です。でも、フタがあって見られないほうが落ち着くのでは？　それは人間の感覚で、猫は気にしてないように思えます。トイレをするときって、野生では弱みをさらす瞬間なんです。もし、襲われたらすぐに逃げなくちゃいけない。そのとき、フタがあって一方通行だったら、すぐに逃げられませんし、出口の前で待ち伏せされたらおしまいです。実際に、いじめられっ子の猫ちゃんがトイレをするときに、別の猫ちゃんが出口の前で待ち伏せしていることもあります。それなので人間的な感覚にとらわれず、一度どっちが良いか家の猫ちゃんで試してみるとよいかもしれません。

次に「砂」は、鉱物系で香りがなく、かたまるタイプが好きな子が多いです。あとは、できるだけ小粒にしましょう。最近はやりのシステムトイレですが、砂は小粒のものが少なくかたまらないので、あまりよくないかもしれません。

猫が好きなトイレのイメージで一番ぴったりなのは公園の砂場です。ひろーくて見渡しが良くて小粒の砂。おそらくあれが猫にとっての一流ホテルのトイレですね。

最後に「掃除」については、猫ちゃんがトイレを使ったら、すぐに掃除してあげるのが理想ですが、なかなか難しいと思いますので、朝と夜の2回はしてあげましょう。砂の交換は月に1回、容器自体も月に1回、洗ってあげれば十分です（猫の数による）。

ここで大事なのは、香りの強い洗剤などで洗わないこと。先ほどもお話ししたように、猫ちゃんのトイレは縄張りマーカーでもあるので、香りの強い洗剤を使ったり、においがゼロになるまで洗ったりするのはよくないです。正直、お湯で洗い流すだけでも

ＯＫです。トイレのにおいが気になるからといって、近くに芳香剤を置くのもやめてくださいね。猫ちゃんはかんべんしてくれ〜〜と思っているでしょう。

トイレ環境の改善方法についてご紹介しましたが実際はけっこう猫によります。データや獣医学的にそうであろうといわれているだけです。それなのでいろいろ試して一番好きなものを見つけるのが大切だと考えています。試す場合は今のトイレは絶対に捨てないでください。猫ちゃんが困っちゃいます。試すときには、気に入っているトイレはそのままに、新しいトイレをプラスするようにしましょう。

Chapter

16

嘔吐《おうと》

猫の嘔吐について

猫ちゃんは、ときどき吐くことがある生き物です。飼い主さんの中には、「また吐いているのね。毛玉を吐き出しているのかしら?」と、猫ちゃんが吐くことに慣れっこになっている方もいるのではないでしょうか。

実は、「吐く」というのは、命を守るためにとても大事な行為です。たとえば、身体にとって毒となるものや、おもちゃなどの異物を飲み込んだとき、そのままだと危険なため脳にある嘔吐中枢から「ヤバい! ヤバい! 早く吐き出して!」と指令が出されて吐き出します。このほか、食べすぎや、フードが合わない、ストレスなどで吐くことがあります。

それでは、どんな嘔吐が危険なのか? 病院に連れて行ったほうがいい嘔吐とはどんなものか? この後、詳しく紹介していきましょう。

猫の脳の構造図

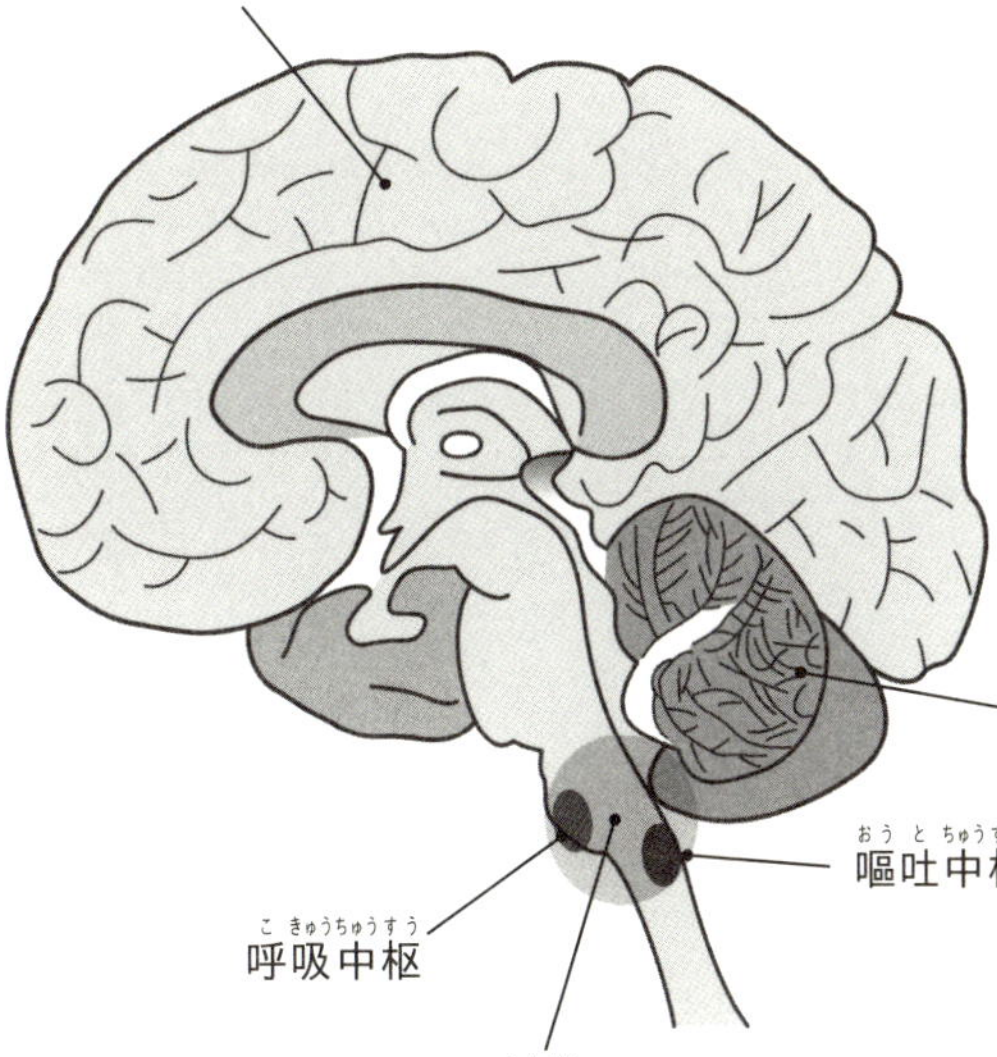

症状
1
複数回吐く

猫ちゃんが週に何度も吐く場合や、１日に複数回吐くときは、何かしらの病気や身体の不調が考えられます。一度、動物病院で診てもらいましょう。「頻繁に吐く」という症状だけで、何の病気か特定するのはとても難しいですが、**急性腎不全**《きゅうせいじんふぜん》（Ｐ２２５）や**胃腸炎**《いちょうえん》（Ｐ２２７）、**肝臓病**《かんぞうびょう》（Ｐ２２６）、腫瘍、異物の飲み込みなど、さまざまな病気が考えられますので、軽視しないようにしてください。

複数回吐くといっても、吐き方によって危険度は変わってきます。たとえば、一度吐いてその5分後にまた吐いて、その後はケロッとして食欲もある場合は、少し様子を見ても問題ないでしょう。一方で、朝10時ごろ吐いて、次に12時ごろ、次に15時ごろと、数時間ごとに嘔吐が続くときは、何らかの病気が原因かもしれません。病院に連れて行ったほうがいい嘔吐について、次にまとめました。

● 週に１回以上吐く

●体重が減少している
●食欲・元気がない
●ほかにも症状が見られる

動物病院に行くときには、吐いた日にちや時間、回数、吐いたものが消化されていたか・いなかったか、食事の内容や量などをメモしておくと、より正確に診断できます。

また、ごくまれに吐いたものを誤って吸い込み肺に炎症が起きる**誤《ご》嚥《えん》性《せい》肺《はい》炎《えん》**（P224）になることもあります。吐いた後調子が悪い、食べてもすぐ吐く、食欲がない場合は、早めに動物病院へ行きましょう。

症状 2 仔猫の嘔吐

仔猫が頻繁に吐く場合、病院に連れて行くかどうかは、よりシビアに判断しましょう。なぜなら、複数回の嘔吐に加えて、食欲不振があるときは、低血糖により命にかかわる危険性があるからです。一度吐いた後、ケロッとしてご飯を普通に食べるようなら問題はない

かもしれませんが、何回も吐いて、食欲もないなら、なるべく早く動物病院に連れて行きましょう。

症状 3 空腹時の嘔吐（朝ご飯前に吐く）

猫ちゃんは、食事と食事の間隔が空いたとき、空腹によって吐くことがあります。吐くタイミングが朝ご飯前の場合は、この空腹が原因かもしれません。自動給餌器などで、ご飯の間隔を短くしてあげると、吐かなくなるかもしれません。

症状 4 食べた後すぐ吐く

空腹だったため急いで食べ、その後満腹すぎて吐くことがときどきあります。その場合は数回吐いてあとはケロッとしています。ほかの原因として、胃よりも前にある「食道」で、

何らかの問題が起こっていることが考えられます。嘔吐とは、胃に入ったものが出てくることをいうのですが、胃に入る前に吐き出されることを「吐出《としゅつ》」と呼びます。吐いたものがフードそのままの形だったり、未消化のウェットフードだったりしたときは吐出の可能性があります。この吐出が見られるときは、**食道炎《しょくどうえん》**（P222）や**巨大食道症《きょだいしょくどうしょう》**（P225）、**食道狭窄《しょくどうきょうさく》**（P222）などの病気が考えられます。

症状 5
吐しゃ物に〇〇が混じっている

「〇〇」に当てはまるもので一番多いのが、「毛玉」です。グルーミングによって飲み込んだ毛がかたまってできたものですので、心配はいりません。注意が必要なのは、吐しゃ物に「血」が混ざるときや、「寄生虫」が混ざって出てきたときです。

また、吐しゃ物がピンク色のときは、**肺水腫《はいすいしゅ》**（P218）といって肺の中に水が溜まった危険な状態かもしれません。すぐに動物病院を訪れるようにしましょう。

症状 6

吐いた後すぐ食べるが、それも吐く

これは、かなり悪い状態かもしれません。胃や腸がつまっているために、飲み込んだものがそれ以上先に行けずに、食べたら吐くという状態が続いている可能性があります。原因としては、異物の誤飲が考えられます。ほかにも、**急性《きゅうせい》腎《じん》不全《ふぜん》**（Ｐ２２５）によって、腎臓の状態が急激に悪化している可能性もあります。すぐに動物病院で診てもらうようにしましょう。

Chapter

17

睡眠

猫の睡眠について

皆さん、猫ちゃんの「猫」という名前の由来をご存知ですか。いろいろな説がありますが、一説には「寝る子」からきているといわれています。その名のとおり、猫ちゃんは本当によく眠ります。なぜそんなに寝るのかというとカロリーを無駄に消費しないためらしいです。地球には草食動物のご飯はたーくさんあるので、ご飯を探すために動き続け、そしてご飯に困ることもないのですが、猫やライオンはご飯が少ない、または食べられないときもあるためカロリー消費をできるだけ少なくしているみたいです。あくまで一説です。

一般的に、猫ちゃんの睡眠時間は1日に15時間前後。もちろん、睡眠時間は猫ちゃんによって異なりますので、10時間から20時間が多いのではないでしょうか。

ただし、猫ちゃんの正確な睡眠時間を把握している飼い主さんは少ないかもしれません。なぜなら、猫ちゃんの睡眠パターンは日によって異なることが多いからです。たとえば、我が家のぶんざえもんは、家族が家にいる週末にはあまり寝ませんが、家族が留守にする平日は、おそらく朝9時から夜の20時ごろまで、ほとんど寝ているようです。このように猫ちゃんの日々の睡眠時間は変化しますので、あまり細かく気にする必要はありません。

しかし、飼い主さんとしては、猫ちゃんの睡眠時間の「変化」には注意を払ってあげましょう。以前に比べて寝る時間が極端に長くなったり、ほかの猫ちゃんに比べて明らかに長い時間寝ていたりする場合は、何か身体に異常が起こっているサインかもしれません。また、次に紹介する症状が見られる場合も要注意です。もし気になることがあれば、動物病院で相談してみてくださいね。

症状 1 横になって寝ない

これ、ほとんどの飼い主さんが知らないですが危険な病気のサインの場合があります。もし、猫ちゃんが横になって寝ていない場合は、何らかの病気が原因で苦しくて横になれない、もしくは、どこかが痛くてずっと香箱座りをしていると考えられます。ちなみに、「香箱座り」とは、猫ちゃんが前足を身体の下に折りたたんで座る姿勢のことです。

「苦しい」状態になる病気はいろいろとありますが、たとえば、**肺水腫**《はいすいしゅ》（P218）によって肺の中に水が溜まって苦しいのかもしれません。また、「痛い」状態の原因としては、どこかを骨折しているのかもしれません。ただし、このようなときには、ほかにも症状があらわれているはずです。たとえば、肺水腫であれば、呼吸が苦しそうだったり、なんとなく元気がなかったり、食欲がなくなったりします。これらの症状を見逃さず、猫ちゃんが横になって寝ない場合はできるだけ早く動物病院で診てもらうようにしましょう。

実際、飼い主さんが「横になって寝ない」と連れてこられた猫ちゃんが、酸素室に入るとぐっすり眠る姿を、獣医はよく目にします。その様子から、苦しさや痛みが原因で、家であまり寝られなかったのだろうなと、私たちは推測します。

毎日横になって寝ているかチェックする必要はありません。最近体調悪いなってときに、横になって寝ているか確認してみてください。

香箱座り

症状 2

寝ているのに呼吸が速い

猫ちゃんが寝ているのに呼吸が速い、つまり、リラックス状態で呼吸が速い場合は、「苦しい」「痛い」「つらい」「ショック状態」など、身体の中であまりよくない事態が起こっていることが多いです。私たち人間もそうですが、呼吸が速いからといって「苦しい」とは限りません。「苦しい」だけでなく、けがをして痛い場合もハァハァと呼吸が速くなりますし、出血や重度の脱水などで酸素が足りない「ショック状態」に陥ったときも、呼吸が速くなります。ワクチンを打った後に起こる、アナフィラキシーショックでも速くなります。

一般的に、**猫ちゃんの呼吸数は、1分間に30回ぐらいまでが正常**だといわれています。呼吸は、猫ちゃんの状態を知るために、とても有効なバロメーターです。ただ、毎日寝ているときに呼吸数を確認されていては、猫ちゃんもストレスが溜まってしまいます。そこで、「今日はちょっと食欲がなくて、調子が悪そうだな」「ワクチンを打った日」などに、チェックをしてください。ちなみに運動した後や興奮しているときは呼吸が速くなります。

症状 3

寝てばかりいる、寝ている時間が長い

猫ちゃんが寝てばかりいる場合、飼い主さんは「もう歳だからかな」と思いがちですが、レントゲンを撮ってみると多くの猫ちゃんで**関節炎**《かんせつえん》（Ｐ２２６）が見つかることがあります。関節炎は高齢猫の病気ですが、若くてもほかの子より寝ている時間が長い場合、先天的に股関節の形状に異常がある**股関節形成不全**《こかんせつけいせいふぜん》（Ｐ２２３）だったということもあります。

私もたまに腰痛になりますが、腰が痛いと立ち上がるだけでも「痛い！　痛い！」と痛みを我慢しなければならず、何をするのも億劫《おっくう》ですよね。それと同じで、猫ちゃんも関節炎などで痛みがあると、動くのが面倒になって寝てばかりいるのです。また、**慢性腎臓病**《まんせいじんぞうびょう》（Ｐ２１５）や**糖尿病**《とうにょうびょう》（Ｐ２２０）、**心臓病**《しんぞうびょう》（Ｐ２２１）などによって、身体が弱っている状態でも、寝てばかりいることは多いです。いずれにしても、ただの老化と考えず、健康診断などで診てもらいましょう。「関節炎」については、Ｐ84、Ｐ94で詳しく紹介していますので、こちらも確認してください。

Chapter
18
様子

毎日一緒に暮らしていると、猫ちゃんのちょっとした「様子」の変化に気づくことがあると思います。「今日はなんだか元気がないな」「ぼーっとしているな」「眠そうだな」なんて感じることがありますよね。明らかに下痢をしていたり、嘔吐が続いていたり、咳が頻繁に出たりすれば、すぐに「体調が悪いのかな？」と気づくかもしれませんが、ただ「ちょっと元気がない」くらいだと、どうすればいいのか迷ってしまうこともあると思います。

もちろん、たまたまその日は調子が悪いだけということもあります。ですが、猫ちゃんの「様子」の変化を見逃さないことが、病気やけがなどを早く発見するためにはとても大切です。どんな「様子」のときにどんな病気が考えられるのか、そしてどんなタイミングで動物病院に連れて行くべきかなどについて、詳しくお話ししていきましょう。

症状 1
高齢猫。ぼーっとする、怒りっぽくなる、元気がない、元気すぎて異様なほどテンションが高い

高齢の猫ちゃんでこのような症状が見られる場合、**認知機能低下症候群**《にんちきのうていかしょうこうぐん》（P219）ということで、いわゆる人間でいえば「認知症」になっているかもしれません。

実は、猫ちゃんも認知症になります。7～10歳の猫ちゃんで36％、15歳以上で50％、16～19歳で88％の猫ちゃんが程度の差はあれど認知機能低下症候群になっているというデータがあるほどです。認知機能低下症候群になると、**次の五つに分類される**さまざまな症状があらわれます。

ひとつ目は、ちょっと難しい言葉ですが「**見当識障害**《けんとうしきしょうがい》」です。わかりやすくいうと、空間や周囲の環境がちゃんと把握できなくなったり、これまでに身につけた経験が混乱してわからなくなったりすることです。具体的な症状としては、「室内で迷子になる」「よく知っている人を室内で認識できない」「家の中で間違ったドアに進む」「落ち着きがなく家の中で歩き回る」「障害物を避けることができず立ち往生する」「よく知っているものに異常な反応を示す」などです。重要なのが、認知機能低下症候群でなくても、似たような症状が起こることがあるという点です。たとえば、目が見えない場合も、「室内で迷子になる」や、「障害物を避けられない」こともあります。このほか、「運動機能の障害」や「痛み」「神経症状（めまいなど）」によっても、同じような症状が見られることがあります。診察でよく聞く見当識障害の症状としては「部屋をぐるぐる回る」「トイレの場所がわからなくなる（そのため連れて行ってあげる必要がある）」「ご飯の場所がわからなくて目の前に持っていくと食べる」などです。もし、「うちの子、認知症かな?」と思ったら、獣医さんにほかの病気がないかチェックしてもらうことが、とても大事です。

続いて二つ目は、**「相互反応の変化」**です。具体的には、人やほかの動物とのかかわり方の変化や、学習したはずの指示に対する反応の低下などが起こります。症状としては、「怒りっぽくなる」「遊ぶことへの興味の低下」「反応の低下」「飼い主に異常につきまとう」などです。老猫ちゃんになってから急に怒りっぽくなったり、逆に甘えん坊になったり、大好きだったおもちゃで遊ばなくなったりということが起こります。なお、「痛み」がある場合や、「感覚障害」によっても、同じような症状が出ます。

三つ目は**「睡眠サイクルの変化」**です。認知機能低下症候群の猫ちゃんの飼い主さんが、一番困っているのがこれです。簡単にいうと昼夜逆転です。飼い主さんからは、夜中の3時、4時に猫ちゃんが「にゃーお、にゃーお」とすごく鳴いて困っている、といった声をよく聞きます。同じような症状が見られるものとしては、「痛み」「感覚障害」「高血圧」があります。この場合は睡眠薬のような薬を処方することがあります。飼い主さんが眠れなくて本当に困っているための対症療法となります。

四つ目は**「不適切な排泄」**です。「トイレ以外の場所で排泄」「睡眠場所で排泄」「排泄の前兆（トイレサインン）が見られなくなる」「排泄場所の変化」「突然おしっこを漏らす」などです。おそらく、飼い主さんは、猫ちゃんがトイレ以外の場所で排泄をするのを、普通は見たことがないと思います。それができなくなっちゃうよ、というのが認知機能低下症候群です。なお、**膀胱炎**《ぼうこうえん》（Ｐ２１６）などの「医学的に排泄問題が起きる」病気によっても、同じような症状が出ます。

最後の五つ目は、**「活動性」**です。活動性が上がることもあれば、低下したり、無目的な活動が増えたりすることもあります。たとえば、「何もない場所を見つめたり、かみついたりする」「目的のないうろつきや無駄鳴きの増加」「慣れ親しんだ刺激に対する反応の低下」「無関心の拡大と探索行動の低下」「人の物や自分の身体を異常になめ続ける」「食欲の増加や低下」「不安や恐怖心の増加」などです。同じような症状は、「痛み」や「運動性の問題」がある場合にもあらわれます。

認知機能低下症候群の診断や治療は、なかなか難しいです。というより、診断方法はほかの病気の除外診断、症状を診てのみで、根本的な治療法はないので先ほどの眠るお薬などの対症療法のみが現実です。

症状

2

怒りっぽくなる

最近、猫ちゃんが怒りっぽいな、という場合はどこかに「痛み」があるか、**甲状腺《こうじょうせん》機能《きのう》亢進症《こうしんしょう》**（P224）という病気かもしれません。余談ですが、身体に痛みがあるとき、弱った姿を周りに見せるのは、私たち人間と家畜だけだそうです。猫ちゃんは家畜化されていない生き物（いとぅ～の個人的見解）ですので、痛いときにどうなるかというと、「縮こまってじっと耐えている」んです。それで、飼い主さんがお腹や腰、歯などの痛い部分を触ろうとすると、「触るなよ！」と怒り出すのです。

一方、甲状腺機能亢進症の猫ちゃんも怒りやすくなります。なぜなら、甲状腺ホルモンには、身体全体の代謝を調節したり、エネルギーの生産や消費をコントロールしたりする役割があり、過剰に分泌されると興奮状態になりやすくなるからです。このほか、急激な体重減少、食欲増進、落ち着きがない、下痢や嘔吐などの症状が見られます。甲状腺機能亢進症が疑われる場合は、早めに動物病院に連れて行き適切な治療を受けましょう。

症状 3

けいれんする、ぼーっとする

猫ちゃんがけいれんを起こす理由は大きく分けて二つです。脳自体に何かが起こって脳がやられたか、脳以外で何かが起こってそのせいで脳がやられたかです。まずは後者の脳以外の原因から説明します。

たとえば**腎臓病**《じんぞうびょう》（Ｐ２２１）や肝臓の病気のため体内に不要な毒素が増え、それが原因で脳に異常が起こることがあります。ほかにも毒物を飲んでしまったときや、**猫伝染性腹**《ねこでんせんせいふく》**膜炎**《まくえん》**（FIP）**（Ｐ２１８）によっても、けいれんが起こることがあります。

次に脳自体に何かが起こっている場合は、**脳梗塞**《のうこうそく》（Ｐ２１８）や**脳出血**《のうしゅっけつ》（Ｐ２１８）または**脳腫瘍**《のうしゅよう》（Ｐ２１８）が考えられます。また、**てんかん**（Ｐ２２０）かもしれません。

てんかんとは、脳の異常な電気的活動によって引き起こされる慢性的な脳の病気で、脳腫瘍や脳梗塞が原因で起こる「症候性てんかん」、検査しても理由が不明な「特発性てんかん」に分かれます。慢性的な病気のため、繰り返し起こる性質があり、１回だけの発作で

は、てんかんとは診断できません。

人間では脳の病気はＭＲＩやＣＴ検査が一般的です。脳の中・神経は基本的にＭＲＩでしか確認できないですし、ＭＲＩをやれば脳腫瘍や脳梗塞の診断がつきやすいので、猫ちゃんでもやってあげたいです。ただし猫ちゃんの検査は全身麻酔です。そしてＭＲＩは一般の動物病院にはなく、検査費も10万円はします。そのためまずは、レントゲンや血液検査、エコー検査などで調べ、その上で、脳の異常が疑われる場合は、ＭＲＩやＣＴによる検査を行います。また、ＭＲＩやＣＴを行っても、原因がわからないケースや、脳梗塞などが見つかっても手術できない場合もあります。

ただし、高齢猫ちゃんでほかに病気があり、全身麻酔をかけるリスクが高い場合もあるので、担当の先生とよく相談して決めてください。ちなみに一度けいれんが起きると数日間は発作が起きやすかったり、その後も繰り返したりするときがあります。発作の前兆として猫ちゃんがぼーっとどこかを見ている、などがあります。普通の猫ちゃんがぼーっと天井を見てても気にしなくてよいですからね。人間には見えない何かが見えているとかいないとか（恐）。

症状

4

猫が熱い、心臓がバクバクしている

運動をしたり、リラックスしたり、布団の中から出てきたりしたとき、「猫ちゃんが熱い」と感じることがありますが、これは問題ありません。しかし、それ以外で「猫ちゃんが熱い」「心臓がバクバクしている」ときは、ちょっと注意が必要です。とくに寝ているときやリラックスしているとき。私たち人間は、「今日はちょっと熱があるな」というとき、「風邪ひいちゃったかな」と病院へ行かずに様子を見たり、自宅で仕事をしたりしますが、猫ちゃんが熱い場合は、もう少し重度なことが多いです。**猫風邪**《ねこかぜ》（Ｐ２１９）でも**肺**《はい》**炎**《えん》（Ｐ２１８）までいっているような状況や、全身の感染症にかかっている場合は熱が出ます。このほか、**リウマチ**（Ｐ２１５）や**腎盂腎炎**《じんうじんえん》（Ｐ２２１）、肺炎、**熱中症**《ねっちゅうしょう》（Ｐ２１８）**心臓病**《しんぞうびょう》（Ｐ２２１）などによって、猫ちゃんが熱くなったり、心臓がバクバクしたりします。「心臓がバクバクしている」と病院に来た猫ちゃんのほとんどは呼吸が速いことが多いです。「呼吸が速い」（ｐ１３０）も参考にしましょう。

猫ちゃんの平熱は37・5〜39・4度と、人より少し熱いです。耳を触ったり、口の粘膜の部分を触ったりすると猫ちゃんが熱いかどうかわかりやすいです。ただし、毎日触るとストレスになりますので、「あれ、今日ちょっと元気がないな。調子が悪そうだな」と感じたときに、耳や口を触って確認してみましょう。月1回の頻度で、スキンシップやなでなでのときにばれないように猫ちゃんの耳や粘膜の普段の温度を覚えておきましょう。猫ちゃんの調子が悪そうで、ほかにも症状があり、身体が熱い場合は、かなり状態が悪い可能性がありますので、早めに動物病院で診てもらいましょう。

症状 5

元気がない

「元気がない」というだけで、何の病気かを判断するのは至難の業です。なぜなら、あらゆる病気が考えられるからです。また、単純に気持ちが悪い、眠いなど、病気以外の理由で元気がなく見えるときもあります。ですが、飼い主さんからは、「うちの子がちょっと元気がないのですが、病院に連れて行くべきですか？」とよく電話などで聞かれます。その

場合、私がお答えしている判断基準をご紹介しましょう。あくまで、医学的な裏づけはない、私の経験則によるものになります。

それは、普段の元気度を「10」として、飼い主さんが「5」以下だと感じる場合は、早めに病院に連れて行ったほうがいいと思います。「7、8」でも下痢や嘔吐、頻尿などのほかの症状があるときは、同じく病院に連れて行ったほうがいいでしょう。さらに、猫ちゃんの元気度が「3以下」、もしくは「ぐったり」している場合は、その日、仕事を休んででも病院を訪れたほうがいいです。「ぐったり」とは、飼い主さんの呼びかけに応じない、または反応が鈍いような状態です。

猫ちゃんは家畜化されていない動物のため、飼い主さんであっても、自分が弱っている状態を見せません。なぜなら、野生では弱っている姿を見せるのは、とても危険だからです。猫ちゃんは、弱っているのを隠そう、隠そうとしているのに、飼い主さんが元気度が「3以下」と感じる場合、よっぽど状態が悪いのだと思います。様子を見ることなく、動物病院に連れて行きましょう。

症状

6

急にギャンと鳴いて動かない

猫ちゃんが急に声を上げて動けない、後ろ足が麻痺したような状態が起こった場合、**血《けっ》栓《せん》塞《そく》栓《せん》症《しょう》**（P225）という危険な病気かもしれません。血栓とは血の塊のことで、その血栓が血管につまることで、細胞が壊死して亡くなるこわい病気です。人間界でいうエコノミー症候群と似た症状です。血栓は、後ろ足に向かう太い血管につまることが比較的多く、後ろ足が麻痺したように動けなくなってしまいます。

心《しん》臓《ぞう》病《びょう》（P221）で血液をうまく全身に送り出せなくなると、心臓の中に血液が溜まり、かたまって血栓ができます。それが、血流に乗って移動して後ろ足の付け根の血管などにつまると、血栓塞栓症が起こります。多くの場合、心臓病の末期にならないと血栓塞栓症は起こらないです。血栓塞栓症は数時間で亡くなることもある命の危険性のある病気です。予防するためには、やはり健康診断で心臓病を早期発見すること。その上で、血がかたまりにくくなる薬などで、心臓病をコントロールすることが大切です。

慢性下痢《まんせいげり》

下痢（P224）参照。**P167**

慢性腎臓病《まんせいじんぞうびょう》

いわゆる猫の腎不全、腎臓病のこと。腎臓の機能が徐々に低下する病気で、多飲多尿、食欲不振、嘔吐、体重減少が症状としてみられる。**P176、202**

慢性膵炎《まんせいすいえん》

膵臓の炎症が続く状態。ちょっと元気がない、ちょっと食欲がない、嘔吐が多くなったなど軽度な症状のこともある。画像検査や血液検査でも明らかな症状がなく、診断は難しい。生きているときは何も症状がないが亡くなった後の解剖で判断がつくこともある。**P144、170**

慢性鼻炎《まんせいびえん》

原因はカビ、ウイルス、細菌、アレルギーなどさまざま。原因特定の検査は難しく、複数の原因が重なっていることもある。そのため抗生剤でよくなれば細菌が原因、抗生剤が効かずステロイドで回復すれば、アレルギー性の鼻炎だったのだろうということで、診断的治療をすることもある。鼻炎（P217）参照。

免疫介在性《めんえきかいざいせい》溶血性貧血《ようけつせいひんけつ》

免疫系が自分の赤血球を攻撃し、破壊する病気。貧血で亡くなることもある。元気消失、食欲不振、黄疸、呼吸困難がみられ、治療は免疫抑制剤や輸血を行う。**P122**

り

リウマチ

関節や周囲の組織に慢性的な炎症が生じる自己免疫疾患。症状は関節の痛みや腫れ、動きの制限が主。進行すると関節が変形することもある。完治は難しいことが多く、一生投薬が必要になることも。**P98、211**

流涙症《りゅうるいしょう》

目から涙が過剰に流れる状態。涙管という涙を排泄する管の異常で、うまく涙を排泄できない、またはさまざまな刺激で涙が多いと流涙症になってしまう。症状は涙が目からあふれる、目やにが増えるなど。顔ぺちゃ猫に多い印象。治療には、目薬、涙管の洗浄や外科手術もあるが改善しないことも多い。**P31**

緑内障《りょくないしょう》

眼圧が異常に高くなり、視神経が圧迫される病気。症状は目の充血、痛み、涙目、視力低下、瞳孔の反応が鈍くなるなど。視力がなくなる可能性もあり早期治療が重要。**P27**

リンパ腫《しゅ》

リンパ系の細胞が異常に増殖し、腫瘍を形成する癌の一種。体重減少、食欲不振、嘔吐、下痢、リンパ節の腫れが症状としてあらわれる。リンパ腫は治療が可能な場合もあり（ただし、根治は難しい）、その際は化学療法（抗癌剤）が一般的に行われ、長期に生きることもある。**P61、68、76、119**

副鼻腔炎《ふくびくうえん》

いわゆる蓄膿症で鼻腔の奥にある副鼻腔が炎症を起こす病気。いきなり副鼻腔に炎症が起きることは珍しく、多くの場合は鼻炎があってその炎症が副鼻腔までいく。原因に合わせた治療が必要。**P36**

腹膜心膜横隔膜《ふくまくしんまくおうかくまく》ヘルニア

内臓が胸腔内に入り込む、多くの場合は先天的な異常。全く症状がないこともあれば呼吸困難や元気消失がみられる。状態によってさまざま。重度の場合は手術による治療が必要なこともある。**P133**

ブドウ膜炎《まくえん》

目の中のブドウ膜に炎症が起こる病気。症状は一般的な目の病気と同じなので見た目でブドウ膜炎なのか結膜炎なのか判断することは難しい。診断には眼圧検査が必要になる。感染症や免疫疾患が原因の場合もある。そのため治療には目薬のみではなく、経口薬が必要な場合もある。**P25、27、31**

変形性関節症《へんけいせいかんせつしょう》

関節の軟骨が劣化し、痛みや可動域の制限を引き起こす慢性疾患。治すことは難しく対症療法になる。痛み止めやサプリメント、リハビリ、マッサージなど。**P84、90、94**

変形性脊椎症《へんけいせいせきついしょう》

基本的には変形性関節症の脊椎（腰や背中の骨）バージョン。**P84、91**

扁平上皮癌《へんぺいじょうひがん》

皮膚や口腔内に発生する皮膚の悪性腫瘍。抗癌剤が効きにくい癌で手術による切除が唯一の対処法だが、あごを全部取らないといけないなど、できる場所によってそもそも手術ができない場合も多い。転移はしにくいが浸潤性が強く骨を溶かして大きくなっていく。痛み止めをして頑張ってもらうしかないことも多く、つらい癌。**P48、49、61、119**

膀胱炎《ぼうこうえん》

膀胱に炎症が起こる病気で、頻尿、血尿、排尿時の痛みがみられる。一日に10～20回トイレに行くこともあり、かなりつらそう。原因は多くの場合は三つで感染症、ストレス、結石。それぞれの原因に応じた治療が必要。**P176、181、184、207**

膀胱結石《ぼうこうけっせき》

膀胱内に結石が形成される病気で、排尿困難、血尿、頻尿が症状。猫に多い結石は2種類で、大きな違いは溶けるか溶けないか。溶ける結石の場合はフードを特殊なものに変更することで改善が見込まれるが、溶けない結石の場合は手術が必要になる場合もある。**P78**

ま

慢性気管支炎《まんせいきかんしえん》

気管支の慢性的な炎症で、咳や呼吸困難が主な症状。アレルギーや環境要因、猫風邪が関係することがある。症状に合わせて適宜治療。**P131**

白内障《はくないしょう》

目の水晶体が濁る病気。視力が弱くなる。猫ではまれ。**P21、26**

馬《ば》尾《び》症候群《しょうこうぐん》

しっぽと腰の間の脊髄の末端（馬尾神経）に圧迫や損傷が起こる病気。後肢の麻痺、排尿排便困難、痛みが主な症状。**P84**

鼻炎《びえん》

鼻の粘膜に炎症が起こる病気で、くしゃみ、鼻水、鼻づまりが特徴。アレルギーや感染症、腫瘍が原因となる場合がある。**P31、34、36、37、38、40、135、144**

鼻腔内《びくうない》異物《いぶつ》

鼻腔内に異物が入り込むことで、くしゃみ、鼻水、鼻血、呼吸困難がみられる状態。勝手に排出されればいいが、出ない場合は異物の除去が必要なこともある。**P36、39**

非《ひ》ノミ非食餌性《ひしょくじせい》アレルギー

ノミや食事以外の環境要因によるアレルギー。治療・検査でノミもいない、食事も関係なさそうだとなるとこの病気が疑われる。いわゆる猫のアトピー。症状は普通のアレルギーと同じでかゆみ、脱毛、皮膚の炎症など。**P118**

皮膚炎《ひふえん》

皮膚に炎症が起こる病気で、かゆみ、赤み、かさぶた、脱毛がみられる。感染症やアレルギー、なめすぎが原因の場合がある。**P87**

皮膚糸状菌症《ひふしじょうきんしょう》

真菌（カビ）による皮膚感染症で、脱毛、かさぶた、赤み、皮膚のかさつきが主な症状。とくに仔猫や免疫が低下した猫にみられる。猫はあまりかゆくないといわれているが、人に感染した場合はかなりかゆい。**P56、60、113、125**

肥満細胞腫《ひまんさいぼうしゅ》

皮膚や内臓に発生する腫瘍。名前に肥満とつくが猫の体型には関係なく炎症細胞の腫瘍。皮膚にできる場合はしこりが症状。複数できることもある。皮膚にのみ単発で発生した場合は手術で切除すると完治することが多い。内臓にでき転移している場合は厄介なことも多く、その場合は抗癌剤や抗炎症薬と組み合わせて治療することもある。肥満細胞腫は若い猫でも発生することがある。猫にできものができた場合は積極的に検査することが大切。**P61、119**

腹腔内腫瘍《ふくくうないしゅよう》

腹腔内に発生する腫瘍の総称。できる場所によって症状が出たり、出なかったりする。たとえ良性の腫瘍でも大きくなれば胃や腸を圧迫して嘔吐や食欲不振が出る場合もある。悪性度の強い腫瘍でも小さければ症状はない。健康診断や別の病気でたまたま発覚することも珍しくない。**P74**

猫伝染性腹膜炎《ねこでんせんせいふくまくえん》(FIP)

猫コロナウイルスが変異して発症し、治療しないと99%亡くなる致命的な病気。腹水や胸水が溜まるウェット型、発熱や神経症状を伴うドライ型がある。診断と治療が難しい病気で最近治療法がわかってきたが今まではこの病気になったらあきらめるしかなかった。**P26、74、209**

熱中症《ねっちゅうしょう》

高温多湿の環境で体温調節ができなくなる状態。よだれ、パンティング(呼吸が速く荒い)、元気消失、虚脱、嘔吐、場合によっては意識喪失がみられる。冷却と緊急治療が必要。**P52、211**

脳梗塞《のうこうそく》

脳への血流が遮断され、脳組織がダメージを受ける病気。猫では珍しいといわれているが、理由のひとつに検査の難しさがある。脳を診るにはMRIが必要で、そのためには全身麻酔が必要になり、そのハードルの高さゆえに診断されないことも多い。**P209**

脳出血《のうしゅっけつ》

脳内で血管が破れ、出血が生じる状態。突然の意識障害、けいれん、麻痺、歩行異常がみられる。高血圧や外傷が原因となる場合があるが原因は不明なことが多く、治療も難しいことが多い。病気の診断にはMRIが必要となり、その場合は全身麻酔になるので、飼い主が希望しない場合も多く、そのために診断されないことも多い。そのせいか脳出血は人間ほど多くはないといわれている。**P209**

脳腫瘍《のうしゅよう》

脳内に発生する腫瘍で、良性と悪性の両方が存在。けいれん、行動変化、ふらつき、視覚や聴覚の異常が症状としてあらわれ、年齢やできる場所、大きさによって治療が難しいことも多い。**P209**

ノミアレルギー性《せい》皮膚炎《ひふえん》

ノミが原因のアレルギー反応で、強いかゆみや皮膚の炎症、脱毛がみられる。とくに腰やしっぽの付け根付近に症状が出やすい。ノミ駆除と抗アレルギー治療が必要。**P86、87、117**

は

肺炎《はいえん》

肺炎にはウイルス性肺炎(P227)、誤嚥性肺炎(P224)、細菌性肺炎(P223)、真菌性肺炎(P221)などがある。**P128、131、133、211**

肺腫瘍《はいしゅよう》

肺に発生する腫瘍で、原発性(肺自体から発生)と転移性がある。咳、呼吸困難が症状としてイメージしやすいがその症状が出るころには末期であることが多い。早期発見のため健康診断などでの画像検査が必要。**P128、132**

肺水腫《はいすいしゅ》

肺に液体が溜まり、呼吸困難を引き起こす状態。原因は心不全が主で心臓病以外の場合もある。末期の心臓病で出ることがあり早急な治療が必要。**P52、128、133、195、199**

乳頭腫《にゅうとうしゅ》
いぼのこと。皮膚や粘膜に発生する良性の腫瘍で、小さなカリフラワー状のしこりがみられる。**P61**

尿管閉塞《にょうかんへいそく》
腎臓から膀胱へ尿を運ぶ尿管が閉塞する状態。結石が原因となることが多く、突然の元気消失、複数回の嘔吐、食欲不振がみられる。腎臓病が一気に進行してしまうことも多いため、早急な対応が必要で手術をすることも多い。**P176、178**

尿道閉塞《にょうどうへいそく》
尿道が塞がり、排尿ができなくなる状態。結石が原因となることが多く、頻尿の仕草、苦痛、元気消失が主な症状。放置すると命にかかわるため、早急な治療が必要。獣医でも膀胱を触診、エコーで確認するまで膀胱炎と尿道閉塞の違いの判断が難しい。**P176、177、181**

認知機能低下《にんちきのうていか》症候群《しょうこうぐん》
猫も認知症になる。症状は大声で鳴く、粗相、家で迷子になる、ドアの前で待つ、凶暴性が増す、異常な食欲、昼夜逆転など人と似ている。人と違い進行を止めるような薬は今のところなく対症療法になる。**P204**

猫《ねこ》ウイルス性《せい》鼻気管炎《びきかんえん》
猫風邪とよばれる病気のひとつ。原因は、「ヘルペスウイルス」というウイルス。人間にうつることはない。主な症状は、鼻水や結膜炎、くしゃみ。まれだが悪化すると肺炎になることも。ウイルスが身体に残り続けて、ストレスが増えたり、身体が弱ったりしたときに、症状を繰り返すことがある。

猫風邪《ねこかぜ》
猫ウイルス性鼻気管炎(P219)、猫カリシウイルス感染症(P219)、猫クラミジア症(P219)参照。**P23、36、37、41、131、141、144、211**

猫《ねこ》カリシウイルス感染症《かんせんしょう》
猫風邪とよばれる病気のひとつ。鼻水など風邪の症状だけでなく、口内炎が起こるのがひとつの特徴。主な症状は鼻水、口内炎のほかに、くしゃみ、目やに、肺炎など。人間の風邪と違ってこわいのは、ウイルスが一生体の中に残り続けること。免疫が下がってくると鼻水や口内炎などの症状が再発することがある。中には、ずっと口内炎が治らない猫もいる。

猫《ねこ》クラミジア症《しょう》
猫風邪とよばれる病気のひとつ。主な症状は結膜炎や目の充血など、「目」に関連する症状が出る。ただ、普通に鼻水やくしゃみなどの症状もある。なお、猫クラミジア症の原因となるのは、人の性病である「クラミジア」とは違う種類のクラミジア菌。よほど重症の場合、改善されない場合を除いて猫風邪の原因を追求していくことはない。**P30**

猫《ねこ》ぜんそく
気管支に慢性的な炎症が起こる病気。連続性の咳が特徴。アレルギーや環境が原因となることが多く、吸入薬や抗炎症薬で治療する。湿度やほこりなど環境の整備も大切。**P131**

中耳炎《ちゅうじえん》

中耳に炎症が起こる病気で、細菌感染が原因のことが多い。耳をかく、耳垢の増加、頭を振る、平衡感覚の異常が主な症状。**P54**

腸炎《ちょうえん》

腸に炎症が起きた状態。症状は下痢や嘔吐、食欲不振など。**P143**

椎間板《ついかんばん》ヘルニア

椎間板が損傷または突出し、脊髄を圧迫する状態。痛みや麻痺、歩行異常が症状としてあらわれる。猫では珍しい。**P64、84**

低《てい》アルブミン血症《けっしょう》

血液中のアルブミン濃度が低下する状態。見た目での判断は難しい。低アルブミンが進行すると腹水が出ることがある。アルブミン濃度があまりに低すぎると命にかかわり早急な治療が必要になる場合もある。腎疾患や肝疾患、消化管疾患が原因となることが多い。**P74**

てんかん

神経系の異常によって発作を繰り返す病気の総称。けいれん、意識喪失、異常な行動がみられることがあり、原因不明の特発性てんかんや脳疾患による二次性てんかんがある。**P209**

糖尿病《とうにょうびょう》

血糖値を調整するホルモン（インスリン）の異常により、血糖値が高い状態が続く病気。糖を身体がうまくつかえないので血液に糖は余っているが身体はエネルギー不足な状態。多飲多尿、体重減少、食欲増進が特徴。人と同じで太った猫に多い。**P112、141、142、152、157、179、182、202**

糖尿病性《とうにょうびょうせい》ケトアシドーシス

糖尿病が悪化した際に起こる危険な合併症。インスリンの不足により体内で糖をエネルギーとして利用できなくなり、脂肪が分解されることでケトン体が過剰に産生され、血液が酸性になる状態。命にかかわり入院治療がマスト。**P142、155**

な

内耳炎《ないじえん》

内耳に感染や炎症が起こる病気。平衡感覚の異常、耳を振る、頭を傾ける、嘔吐、元気消失が主な症状。細菌が原因となることが多いため抗生剤で治療。**P54**

乳腺腫瘍《にゅうせんしゅよう》

乳腺、いわゆる猫のおっぱいにできる「乳癌」。90%が悪性という報告もあり、発見が遅れると数ヵ月で亡くなることがある。早期発見、早期治療で寿命が延びることが多い。**P72、76**

腎盂《じんう》腎炎《じんえん》

腎臓に炎症が起きる病気。発熱、元気消失、血尿、多飲多尿が症状で、細菌感染が主な原因。緊急を要し抗生剤を使用して治さないと命にかかわる。**P211**

真菌性肺炎《しんきんせいはいえん》

真菌による肺の感染症。基本的に健康な子ならカビに身体が負けることはないが猫エイズや幼い猫、外猫などで免疫が弱いとカビが原因の肺炎になることがある。

心臓病《しんぞうびょう》

心臓の機能が低下する病気の総称。猫の場合、肥大型心筋症が一番多く、拘束型心筋症や拡張型心筋症になることもある。いずれにしても症状は末期まで出ないと思ってよい。症状は呼吸困難、呼吸がおかしい、突然死など。心臓エコー検査をしないと発見できないので健康診断が大切。**P44、52、202、211、214**

腎臓病《じんぞうびょう》

腎臓の機能が低下し、体内の老廃物を排出できなくなる病気の総称。体重減少、多飲多尿、嘔吐、元気消失が症状で、慢性化することが多い。**P24、44、97、138、141、142、144、152、155、157、167、170、173、175、179、182、209**

膵炎《すいえん》

膵臓に炎症が起こる病気。嘔吐、食欲不振、腹痛、下痢などが症状で、重症化すると命にかかわることがある。症状が激烈な急性膵炎と症状が軽度な慢性膵炎がある。血液検査や画像検査の結果を勘案し判断するが慢性膵炎だと判断が難しい場合がある。いずれにしても特効薬はなく、炎症が治まるように自分の身体が治してくれるのを手助けする治療になる。**P75、143**

スタッドテイル

尾の付け根に脂腺がつまり、炎症や脱毛を引き起こす病気。主に去勢していないオス猫に多い。多くの場合は去勢手術をすれば改善する。**P102**

た

大腸性《だいちょうせい》下痢《げり》

いわゆる下痢。普通の下痢、皆さんがお腹が痛いときの多くがこれ。うんちにちょっと赤い血がついていたり、粘膜がついていたりする下痢。うんちが出にくかったり、痛みを伴ったりする「しぶり」という症状がある。便の回数は増えることが多い。よくある下痢ですがこわい病気の場合があるので注意。**P171**

胆嚢炎《たんのうえん》

胆嚢に炎症が起こる病気。嘔吐、食欲不振、黄疸、腹痛が主な症状。腸の細菌が胆嚢に感染して発症する。多くの場合は胆管閉塞、膵炎、腸炎、消化器型リンパ腫などといったほかの疾患を併発する。治療は抗生物質を投与するが、原因疾患の治療も同時に行う。**P122**

自己免疫性疾患《じこめんえきせいしっかん》

免疫系が自分の身体を攻撃する病気の総称。皮膚炎、関節炎、貧血など、影響を受ける部位によって症状が異なる。かなり厄介な病気のことが多く、命にかかわる場合や一生涯投薬が必要なことも多い。**P56、60**

歯周病《ししゅうびょう》

歯と歯茎の間(歯周組織)に炎症が起こる病気。放置すると歯が抜けたり、全身疾患の原因になったりすることがある。犬や人では腎臓病や心臓病のリスクが上がるといわれ、猫ではまだ不明だが同じと考えてよい。**P36、38、40、44、48、49、50、58、116、144**

舐性皮膚炎《しせいひふえん》

猫が過剰になめ続けることで皮膚に炎症や傷ができる状態。ストレスやアレルギー、感染症、物理的な刺激が原因。かゆい→なめる→もっとかゆくなる→もっとなめる。負のスパイラルを止めるには、なめるのを一度完全にやめさせないと治らない。カラーやかゆみ止めが必要。**P113**

膝蓋骨脱臼《しつがいこつだっきゅう》

膝蓋骨(膝の皿)が正常な位置からずれる病気。悪化することはあるが基本的には生まれ持った素因でなる病気。見た目ではほとんど症状がない場合が多い。高い所へのジャンプを少し躊躇するなど。15歳以上の高齢になったら関節が削れて痛みがわかりやすくなることもある。かなり難易度の高い手術になるため手術すべきかどうかの判断も難しい。手術をする場合は、整形外科の経験が豊富な先生にオペしてもらうことが重要。**P92**

小腸性下痢《しょうちょうせいげり》

飼い主がイメージする下痢は大腸性下痢である場合が多い。小腸性下痢はこわい病気や厄介な病気である場合も多く、注意が必要。真っ黒の便(メレナ)が出た場合はこちらの小腸性下痢を疑う。**P171**

食餌性《しょくじせい》アレルギー

特定の食品成分に対するアレルギー反応で、皮膚のかゆみ、嘔吐、下痢、くしゃみ、咳などが症状としてあらわれる。原因食品の特定と食事管理が必要。猫のアレルギーは人のように検査で簡単にわからない場合も多い。**P118**

食道炎《しょくどうえん》

食道の粘膜が炎症を起こす病気。嘔吐、よだれ、食欲不振、飲み込む際の痛みが主な症状で、異物や胃酸逆流が原因のこともある。猫の場合診断が難しく、全身麻酔下での内視鏡検査が必要。**P195**

食道狭窄《しょくどうきょうさく》

食道が部分的に狭くなる状態で、食べ物が通りにくくなる。嘔吐や食欲減退がみられ、原因は食道の炎症で食道がかたくなってしまった場合や、異食時、抗生剤の投薬時に食道内に滞留してしまうなど。抗生剤など錠剤薬を飲ませた場合水などで流すことが大切なのは、食道狭窄を防ぐためでもある。**P195**

股関節《こかんせつ》形成《けいせい》不全《ふぜん》

股関節が正常に発達しない病気で、痛みや歩行異常、関節炎、股関節脱臼につながることがある。遺伝的な要素が関係。レントゲンでわかり、手術が必要な場合もある。**P202**

骨軟骨《こつなんこつ》異《い》形成《けいせい》症候群《しょうこうぐん》

スコティッシュフォールド特有の病気で骨や軟骨に異常がみられる病気。四肢の変形や歩行障害が特徴。関節炎も併発する。残念ながらスコティッシュフォールドは程度の差はあれ100%この病気にかかっており、治療法も対症療法しかない。**P91、98**

さ

細菌性肺炎《さいきんせいはいえん》

細菌感染による肺の炎症。咳、呼吸困難、発熱、元気消失が症状としてあらわれる。抗生物質での治療が必要。免疫力の弱った高齢猫、若齢猫の猫風邪の悪化などでなることが多い。

細菌性膀胱炎《さいきんせいぼうこうえん》

膀胱に細菌が感染し、炎症を引き起こす病気。頻尿、血尿、排尿時の痛みが主な症状。猫の膀胱炎で細菌が原因となる割合は少ない。なぜなら猫の膀胱、おしっこは細菌が増えにくくなっているため。細菌性膀胱炎の猫は腎臓病や糖尿病などの病気がある場合が多い。また泌尿器への医療機器の設置でもなることがある。**P180、182**

三臓《さんぞう》器《き》炎《えん》

膵炎、肝炎、腸炎が同時に発生する状態。嘔吐、下痢、元気消失などの症状があらわれ、迅速な治療が求められる。体の構造上、犬では起こりにくく猫特有の病気。**P142**

子宮蓄膿症《しきゅうちくのうしょう》

子宮に膿が溜まる病気で、避妊手術を受けていないメス猫でみられることがある。食欲不振、元気消失、多飲多尿、発熱が症状で、基本的には手術が必要。放置すると亡くなることもある病気。**P74**

耳血腫《じけっしゅ》

耳介の皮膚と軟骨の間に血液が溜まる状態。耳を振る、かくことで発生すると思われる。耳をかいたり、頭を振ったりする仕草は一般的にみられるものではあるのでそれ自体心配するものではない。まれにやり方が悪かったのか、耳血腫になってしまうことがある。耳が腫れて痛みを伴うこともある。**P61**

耳垢腺癌《じこうせんがん》

耳のできものの癌。最初は外耳炎だと思っていた場合もあり、長期間改善しない、症状を繰り返す場合は注意。見た目では良いものか悪いものかわからず、手術で取ってからでないと判断がつかない。治療は耳道を取る手術が推奨される。**P61**

耳垢腺腫《じこうせんしゅ》

上記の良性バージョン。良性とはいえ、できもののせいで通気性が悪くなり外耳炎を繰り返すなら手術で取ったほうが良いこともある。そもそも検査のためにも耳の腫瘍は取ったほうが良いことが多い。**P61**

下痢《げり》

急性下痢→３～５日、長くて１週間ほどで治る下痢。慢性下痢→３週間以上にわたって続く下痢。何らかの病気にかかっている可能性もある。**Chapter15「トイレ（P163）」参照。**

高《こう》カリウム血症《けっしょう》

高カリウム血症は、血液中のカリウム濃度が異常に高くなる状態。主な原因は猫ちゃんだと末期の腎臓病、急性腎障害、尿道閉塞などで起こる。主な症状として筋力低下、不整脈、食欲不振、元気消失がみられ重症の場合は心臓に影響を与えるため、早期発見が重要。**P175**

甲状腺機能亢進症《こうじょうせんきのうこうしんしょう》

甲状腺ホルモンが過剰に分泌される病気。体重減少、食欲増進、多飲多尿、興奮性の増加が主な症状で、中高齢～高齢の猫に多い。高齢猫が食べているのに体重が落ちる、下痢や嘔吐が止まらないとこの病気を疑う。**P24、68、152、156、157、170、179、208**

甲状腺機能低下症《こうじょうせんきのうていかしょう》

甲状腺ホルモンの分泌が減少する病気で、体重増加、活動性の低下、脱毛、寒がる、などがみられる。猫ではまれ。**P114**

甲状腺腫瘍《こうじょうせんしゅよう》

甲状腺に発生する腫瘍で、甲状腺機能亢進症を引き起こす場合がある。頸部に腫れやしこりがあらわれることがある。**P69**

口内炎《こうないえん》

口腔内の粘膜に炎症が起こる病気で、よだれ、食欲不振、口臭が主な症状。原因は感染症や免疫異常の場合もあるが、原因不明なことも多い。猫の口内炎は人の口内炎と違って重症化することがあり、ずっと治らない場合もある。現在のところ難治性の口内炎は歯を全部抜くのが一番の対処法となっているが、それでも治らない場合がある。**P41、44、48、49、50、159**

肛門嚢《こうもんのう》アポクリン腺癌《せんがん》

肛門腺に発生する悪性腫瘍。まれな腫瘍だが悪性度は強いことが多い。お尻のできものや血液検査でカルシウムの上昇、リンパ節の腫れなどで偶発的に発見される場合も多い。**P110**

肛門嚢破裂《こうもんのうはれつ》

肛門嚢が感染や炎症により破裂する状態。痛み、腫れ、悪臭を伴う分泌物がみられ、お尻から血が出ているという主訴の場合はほぼこの肛門腺破裂。かなり痛いらしいので早めに抗生剤や痛み止めで治療が大切。あまりにも繰り返す場合は肛門腺を取る手術をする場合もある。太った子に多いので太らせないことが大切。**P109、110**

誤嚥性肺炎《ごえんせいはいえん》

嘔吐や異食で異物が誤って気道に入り引き起こされる肺の炎症。咳や呼吸困難、発熱が主な症状。高齢になって気管に流れたよだれなどを押し戻せなくて誤嚥性肺炎になってしまう場合もある。**P193**

急性下痢《きゅうせいげり》

下痢（P224）参照。**P167**

急性腎障害《きゅうせいじんしょうがい》

腎臓の機能が急激に低下する病気。尿量の変化、嘔吐、食欲不振、脱水が主な症状で、早急な治療が求められる。**P141、142、167、176**

急性腎不全《きゅうせいじんふぜん》

上と同じ。**P192、196**

胸水《きょうすい》

肺や心臓の間（胸腔内）に液体が異常に溜まる病気。呼吸困難、元気消失、食欲低下がみられる。原因は心臓病が多いが、心臓病以外でなることもある（FIPや腫瘍など）。かなり苦しいので早急の治療が大切。**P128、133**

巨大結腸症《きょだいけっちょうしょう》

大腸（結腸）が異常に拡張し、一生便秘で悩むことになる病気。自力では排便できなくなってしまうことも珍しくない。治療は下剤や食事療法、自力排便できない場合は「用手排便」といって獣医に便をかき出してもらう必要があることも多い。**P172**

巨大食道症《きょだいしょくどうしょう》

食道が異常に拡張し、飲み込んだ食べ物を正常に胃へ送れない状態。食べてすぐ吐く吐出という吐き戻しが特徴。割と珍しい病気。　注）吐出＝巨大食道症ではない。普通に食べすぎや、早食いしたら吐出する。**P195**

クッシング症候群《しょうこうぐん》

副腎が過剰にホルモンを分泌する病気。症状は多飲多尿、皮膚の薄化、筋力低下がみられる。猫では珍しく糖尿病とセットでなる場合が多い。**P78、114**

血栓塞栓症《けっせんそくせんしょう》

血管に血栓がつまり、血液の流れが遮断される病気。わかりやすくいうとエコノミー症候群。命にかかわる。猫が突然ギャンと鳴いて後ろ足の麻痺がみられると、獣医はこの病気がまず頭に浮かぶ。心臓病持ちの子がなりやすい。**P214**

結膜炎《けつまくえん》

目の結膜に炎症が起こる病気。症状は目やに、涙の増加、目の赤み、目のしばしばなど。原因は感染症やアレルギー、物理的な刺激。目薬を数日させば改善することが多いが、アレルギーや感染症が原因だと繰り返す場合もある。**P23、27、28、30、31、41**

角膜潰瘍《かくまくかいよう》

角膜が傷ついた状態。症状は強い痛みによる目のしばしばや目の赤み、涙があふれるなど。早急な治療が必要。目をいじって角膜に穴が開く角膜穿孔《せんこう》という状態になる場合もある。そのためカラー必着。治療自体は目薬をしっかりさせば改善することが多い。穿孔までいくと手術が必要になる場合もある。**P23**

肝炎《かんえん》

肝臓の炎症。症状は元気消失、食欲不振、黄疸、嘔吐など。感染症や毒物が原因になることがあるが原因不明なことも多い。**P143**

眼瞼炎《がんけんえん》

まぶたが炎症を起こす病気。症状は腫れや赤み、目やにが増えるなど。原因はアレルギーや感染症、逆さまつげなど物理的な刺激など。**P25、28**

眼瞼内反症《がんけんないはんしょう》

まぶたが内側に巻き込まれ、まつげが角膜を刺激する状態。涙目や痛みがみられる。**P29**

関節炎《かんせつえん》

関節が炎症を起こし、痛みや可動域の制限をもたらす病気。とくに高齢の猫に多く、症状は動きが鈍くなる、歩き方がぎこちなくなる、ジャンプを躊躇するなど。完治は難しいことが多いがQOLの改善のためにも治療は大切。**P75、84、86、87、90、92、202**

肝臓病《かんぞうびょう》

肝臓の機能が低下する病気の総称。黄疸、元気消失、嘔吐、食欲不振などの症状がみられ、慢性化する場合もある。沈黙の臓器といわれているため、ある程度悪化しないと症状は出ない。**P192**

眼底出血《がんていしゅっけつ》

目の奥（網膜）の血管が破れて出血する状態。視力低下や失明の原因になることがあり、腎臓病の高血圧による出血が多い。高齢猫で突然目が見えなくなった場合、この眼底出血が原因なことが多い。**P23**

肝《かん》リピドーシス

肝臓に脂肪が異常に蓄積する病気。食欲不振や体重減少、黄疸が主な症状。とくに肥満の猫が数日ご飯を食べなかったときに発症しやすい。命にかかわる状態なので入院管理での治療が必要で、食欲不振になった原因の病気を同時に治療することが大切。**P122、142**

基底細胞癌《きていさいぼうがん》

皮膚の癌。皮膚の基底細胞から発生する腫瘍で、主に中高齢～高齢の猫にみられる。皮膚のしこりが特徴で、転移の可能性は低いものの、外科的切除が推奨される。**P61**

病気・症状一覧

本文に出てきた病気、症状名について、さらに詳しく説明しています。

あ

悪性黒色腫《あくせいこくしょくしゅ》(メラノーマ)	皮膚や口腔内、目にできる悪性の腫瘍。色素細胞が異常に増殖し、黒や茶色のできものとして表出することもあるが、見た目ではわからない普通の色のこともある。悪性度が高く早期発見、早期治療が大切。**P61**
胃腸炎《いちょうえん》	胃や腸の粘膜が炎症を起こす病気。嘔吐、下痢、食欲不振などが主な症状で、感染症やストレス、毛玉、食事が主な原因。**P123、141、192**
ウイルス性肺炎《せいはいえん》	ウイルスによる肺の炎症で、咳や呼吸困難がみられる。原因はいわゆる猫風邪の猫カリシウイルスや猫ヘルペスウイルスが多い。通常猫風邪で肺炎にまでなることは少ないが、免疫力の弱い幼い猫はしっかり治療しないと肺炎になり危険な状態になることがある。
炎症性腸疾患《えんしょうせいいちょうしっかん》	腸に慢性の炎症がみられるが、原因はストレスでもなく、食事や細菌バランスでもない。最終的に原因がわからない症状のこと。**P168**
炎症性《えんしょうせい》ポリープ	主に鼻や耳、直腸などの粘膜に発生する良性の腫瘍。鼻づまりや耳の分泌物、排便困難などの症状を引き起こす。**P 62**

か

外耳炎《がいじえん》	外耳道に炎症が起こる病気。症状は耳垢の増加や耳のにおい、かゆみが主。原因は主に細菌や真菌、アレルギー。**P54、56、59、60**
角膜炎《かくまくえん》	目の表面(角膜)に炎症が起きる病気。症状は涙目や目の充血、目をしょぼしょぼするなど。原因は外傷や感染が多い。**P25、27、28、30、31**

いとぅ～先生
獣医師・YouTuber。日本大学生物資源科学部獣医学科卒業。都内の動物病院に勤務しながら、2020年よりYouTubeチャンネル「ねこ好き獣医いとぅー先生」を運営。猫の飼い方、健康、病気について分かりやすく解説し、多くの猫好きの方々から支持を得る。幼少期から猫と暮らしてきた経験から、猫が大好きで、飼い主さんと猫がもっと幸せな生活を送れるようサポートを心がける。飼い猫の名前は二代目「ぶんざえもん」。初代ぶんざえもんは23歳まで生きる。
https://www.youtube.com/@ito1103/videos

デザイン・レイアウト
　　三橋理恵子(Quomodo DESIGN)
　　MiKEtto(松下)
　　村野 千草(Bismuth)
校正　株式会社ぷれす、平入福恵
イラスト　わたなべとしふみ（構造図以外）
協力　杉山正博

現役人気《げんえきにんき》YouTuber獣医《じゅうい》が教《おし》える
最新版《さいしんばん》　愛猫《あいびょう》のための症状《しょうじょう》・目的別《もくてきべつ》ケア百科《ひゃっか》

2025年3月31日　第1刷発行

著　者　いとぅ～先生《せんせい》
発行者　清田則子
発行所　株式会社　講談社
　　〒112-8001　東京都文京区音羽2-12-21
　　販売　TEL03-5395-5817
　　業務　TEL03-5395-3615
編　集　株式会社　講談社エディトリアル
代　表　堺　公江
　　〒112-0013　東京都文京区音羽1-17-18　護国寺SIAビル6F
　　編集部　TEL03-5319-2171
印刷所　半七写真印刷工業株式会社
製本所　大口製本印刷株式会社

KODANSHA

ISBN 978-4-06-538633-0